ISBN 978-3-662-42047-8   ISBN 978-3-662-42314-1 (eBook)
DOI 10.1007/978-3-662-42314-1

*Veröffentlicht im Jahrbuch Bd. 20 1919
der Schiffbautechnischen Gesellschaft.*

Lebenslauf.

Geboren am 8. Januar 1887 in Altona, besuchte ich von Ostern 1893 bis Ostern 1902 die Realschule in St. Pauli und dann die Oberrealschule vor dem Holstentore, an der ich Ostern 1905 das Abiturium ablegte. Bis zum Herbst 1906 arbeitete ich darauf auf den Werften von Heinrich Brandenburg und Blohm & Voß in Hamburg praktisch und studierte dann in Danzig und Charlottenburg Schiffbau. Im Herbst 1908 legte ich in Danzig die Diplomvorprüfung, im Juli 1911 an derselben Hochschule die Diplomhauptprüfung ab. Seit August 1911 arbeite ich in den Konstruktionsbüros der Firma Blohm & Voß in Hamburg.

Über die Tragfähigkeit und zweckmäßige Ausgestaltung von Schiffbauversteifungsprofilen.

Vorgetragen von Dr.-Ing. **Rehder.**

Einleitung.

Die Frage nach der Tragfähigkeit der Schiffbauversteifungsprofile ist
nicht neu in der Schiffbauliteratur, sondern sie gehört zu den ältesten und
wichtigsten Diskussionsgegenständen in der Geschichte des Eisenschiffbaus.
Ihre Entwicklung läßt sich am besten an Hand der Bauvorschriften der großen
Klassifikationsgesellschaften verfolgen, unter denen für England Lloyds
Register of British and foreign shipping und für Deutschland die Bauvorschriften des Germanischen Lloyds maßgebend sind. Eine ausführliche
Schilderung dieser Entwicklung würde den Rahmen dieser Arbeit über-
schreiten; darum soll hier nur kurz der gegenwärtige Stand der Profilfrage
in Deutschland und England beleuchtet werden.

Die in beiden Ländern am häufigsten zur Verwendung kommenden
Profile sind, abgesehen von den Winkelstahlen, die ⊏- und ⌐-Profile, andere
Formen, wie die ⊏-, ⊤- und ⊓-Profile, treten dagegen jetzt vollkommen
zurück. Auch in der Bewertung der ⊏- und ⌐-Profile gegeneinander zeigen
die deutschen und englischen Vorschriften vollkommene Übereinstimmung,
denn in den Vergleichstabellen für ⊏- und ⌐-Profile wird in beiden Ländern das ⊏-Profil nur mit 85—90 % seines rechnungsgemäßen Widerstandsmomentes eingesetzt.

Diese Geringschätzung des ⊏-Balkens ist allerdings noch nicht lange
beiden gemeinsam, sondern besteht in den deutschen Vorschriften erst seit
ihrer vollkommenen Umarbeitung im Jahre 1910, während sie für die englischen Vorschriften von jeher charakteristisch war. Die neuerdings durch
Vergleichstabellen ersetzte allgemeine englische Vorschrift für den Ersatz

von ⊏-Stahlen durch Bulbwinkel lautete dahin, daß für Spanten und Decksbalken das Bulbprofil um 1″ höher und im Steg um $^1/_{20}$″ dicker als das gleichwertige ⊏-Profil zu nehmen war, für Hochspanten sogar das gleich hohe,
nur im Steg um $^1/_{20}$″ stärkere Bulbeisen als vollwertiger Ersatz galt. Der
Britische Lloyd begründet diese Bevorzugung des Wulstwinkels mit der lang-
jährigen Erfahrung, daß diese rein empirisch gewonnene Regel sich in der
Praxis durchaus bewährt hat, und der englische Schiffbauer hat sich gern mit
ihr befreundet, weil Bulbprofile sich besser bearbeiten lassen als ⊏-Stahle,
und weil die englischen ⊏-Profile wegen ihrer hohen Stegdicken sehr schwer
sind.

Der Grund für die Verwendung dieser starkstegigen ⊏-Profile ist für
England sehr schwer zu bestimmen. Es erscheint sehr zweifelhaft, ob der
englische Schiffbau von vornherein dieselben Bedenken gegen die Verwendung dünnstegiger ⊏-Profile gehabt hat, wie sie der deutsche Schiffbau nach
den schlechten Erfahrungen mit den 1896 in die Bauvorschriften des Germanischen Lloyds eingeführten deutschen Normalprofilen gegen die Verwendung dünnstegiger ⊏-Profile erhoben hat, jedenfalls fehlt in der englischen Schiffbauliteratur jeder Hinweis darauf. Es scheint vielmehr, daß
bei der Einführung der ⊏-Profile in die englischen Vorschriften von Anfang
an dickstegige Profile vorgeschrieben wurden, weil für ihre Abmessungen
der große Querschnitt der jahrzehntelang in England als Normaldecksbalken
geltenden, aus Winkeln und Flachbulbs zusammengebauten ⊥-Balken maßgebend gewesen ist. Diese Rücksicht erscheint nicht ganz unberechtigt, wenn
man bedenkt, daß die ⊏-Stahle ursprünglich fast ausschließlich als Decksbalken, d. h. als knickbelastete Träger eingebaut wurden. In England be-
herrscht aus diesen Gründen das Bulbprofil das Feld. Einige Werften verwenden es nahezu ausschließlich bei ihren Konstruktionen.

Wie schon erwähnt wurde, enthalten die deutschen Bauvorschriften
seit dem Jahre 1910 den englischen ähnliche Bestimmungen über den Ersatz
von ⊏-Stahlen durch Wulstwinkel. Bis dahin galten Profile irgendwelcher
Form nur dann als gleichwertig, wenn sie rein rechnerisch dasselbe Widerstandsmoment hatten, so daß der deutsche Schiffbauer für dasselbe ⊏-Profil
schwerere Wulstwinkel einbauen mußte als der Engländer. Die darin liegende
wirtschaftliche Schädigung des deutschen Schiffbaus, vor allem aber auch
die dauernden Klagen über schlechte Erfahrungen mit ⊏-Balken, die trotz
der 1906 eingeführten Stegverstärkung nicht enden wollten, veranlaßten den
Germanischen Lloyd zu besserer Bewertung der Wulstwinkel. Neuerdings

wird daher auch im deutschen Schiffbau das Bulbprofil sehr häufig gebraucht; es ist wirtschaftlich auch jetzt bei uns dem ⊏-Profil bei weitem überlegen, besonders dem deutschen Schiffbau- ⊏-Profil.

Diese deutschen Schiffbauprofile, deren Hauptmerkmal gegenüber den deutschen Normal- ⊏-Profilen ein nach englischem Vorbild verstärkter Steg ist, wurden trotz lebhaften Widerstands der Walzwerke vom Germanischen Lloyd eingeführt, weil man im Schiffbau mit den dünnstegigen Normalprofilen wegen der häufigen Stegverwerfungen und des Wegklappens der Flanschen beim Biegen sehr schlechte Erfahrungen gemacht hatte. Die Agitation dafür, deren wichtigstes Glied der Meldahlsche Vortrag über den Einfluß der Stegdicke auf die Tragfähigkeit eines ⊏-Balkens im Jahre 1903 vor der Schiffbautechnischen Gesellschaft ist, war sehr lebhaft und berief sich häufig, wie aus dem oben Gesagten hervorgeht, nicht ganz mit Recht auf das englische Vorbild. Die Klagen über die Minderwertigkeit der ⊏-Profile sind jedoch seit der Stegverstärkung nicht verstummt. Die deutsche Kriegsmarine hat die dickstegigen Profile überhaupt niemals eingeführt, und eine Zeitlang machte sich auch im Handelsschiffbau eine Reaktion gegen ihre Verwendung bemerkbar, aber dieses Streben ist natürlich eingeschlafen, seitdem das Wulstprofil auch in Deutschland seinen Siegeslauf begonnen hat.

Sieht man also von der Ausnahme der deutschen Kriegsmarine ab, die für ihre Bauten nur deutsche Normalprofile verwendet, so ist der Stand der Profilfrage in Deutschland und England augenblicklich durchaus der gleiche. Dem starkstegigen und darum schweren und dennoch unzuverlässigen ⊏-Profil wird allgemein das leichter zu bearbeitende und wirtschaftlich günstigere ⌐-Profil vorgezogen. In beiden Ländern ist dieser Zustand vollkommen aus der Erfahrung herausgewachsen; eine wissenschaftliche Begründung fehlt für ihn.

Der Zweck dieser Arbeit ist der Versuch, rechnerisch die Richtigkeit dieser Anschauung zu beweisen. Dazu mußte zunächst eine zuverlässige Grundlage für den Vergleich verschiedener Profilformen geschaffen werden und zu diesem Zweck erstens der Einfluß des Plattengurts auf die Tragfähigkeit von Schiffbauversteifungen und zweitens die Wirkung der Unsymmetrie auf die Widerstandsfähigkeit von Profilen untersucht werden. Im Anschluß daran sind dann von den bei diesen Untersuchungen gewonnenen Gesichtspunkten aus Schlüsse auf die vorteilhafte zukünftige Ausgestaltung der Schiffbauversteifungsprofile gezogen worden, die um so wertvoller erscheinen, als die Erfahrung die Richtigkeit ihrer theoretischen Grundlagen bestätigt.

A. Der Einfluß der Beplattung auf die Tragfähigkeit einer an ihr befestigten Versteifung.

Der Hauptbestandteil aller Schiffbaukonstruktionen ist die durch Profile ausgesteifte, dünne Platte. Bei der Berechnung einer solchen, durch Wasserdruck beanspruchten Platte ging man bis jetzt meistens so vor, daß man eine Versteifung von solchem Widerstandsmoment wählte, daß sie allein die Biegungsbeanspruchungen aus der Belastung des zu ihr gehörenden Feldes aufnehmen konnte. Demgegenüber hat sich in den letzten Jahren die Anschauung durchgesetzt, daß man der Spannungsverteilung in solchen Wänden am nächsten kommt, wenn man die Beplattung als Gurtung der Versteifung bis zu einer gewissen Breite als mittragend ansieht. Hat man z. B. ein 8 mm starkes Schott mit Versteifungen aus Normal - $\mathbf{I}$ -Eisen 15, so wird z. B. in der deutschen Kriegsmarine als Schottversteifung nicht das $\mathbf{I}$ 15 allein ($F = 20{,}4$ cm², $J=734$ cm⁴, $W=97{,}9$ cm³), sondern das in der nebenstehenden Skizze 2 angegebene System ($F=46{,}0$ cm², $J=1442$ cm⁴, $W=121{,}2$ cm³) angesehen.

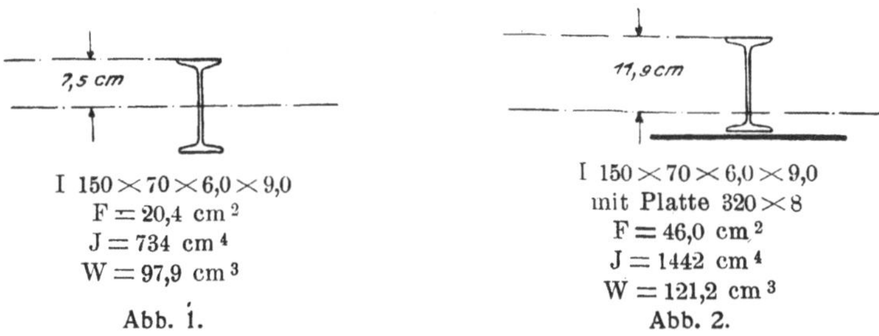

I $150 \times 70 \times 6{,}0 \times 9{,}0$
$F = 20{,}4$ cm²
$J = 734$ cm⁴
$W = 97{,}9$ cm³
Abb. 1.

I $150 \times 70 \times 6{,}0 \times 9{,}0$
mit Platte 320×8
$F = 46{,}0$ cm²
$J = 1442$ cm⁴
$W = 121{,}2$ cm³
Abb. 2.

Da sie durch zahlreiche Versuche als richtig bestätigt worden ist, wird diese Anschauung jetzt allgemein geteilt. Meinungsunterschiede bestehen nur über die Breite des in die Rechnung einzuführenden Plattengurts. In Deutschland nimmt man als Maß dafür die 40- bis 50fache Plattendicke an, in Amerika die dreifache Breite des mit der Beplattung vernieteten Profilflansches, also durchschnittlich etwas weniger. Diese Werte sind aus Versuchen gewonnen, die in Deutschland vom Reichsmarineamt und in Amerika von den Professoren Hovgaard und Norton ausgeführt worden sind.

Die Versuche, theoretisch ein Maß für diese Breite abzuleiten, haben bis jetzt zu keiner Lösung geführt. Sie müssen auch fruchtlos bleiben, solange sich nicht die Vorstellungen über die Spannungsübertragung zwischen

Profil und Platte und über die Ausbreitung der Spannungen in der Platte geklärt haben. Die genaue Festlegung dieser Breite scheint aber auch wenig wichtig zu sein, wenn man von dem Interesse absieht, das dahingehende theoretische Untersuchungen in sich bieten. Überschreitet nämlich die in Rechnung gesetzte Plattenbreite etwa die 25fache Dicke, so ist die Zunahme des Widerstandsmomentes, wie sich aus der nebenstehenden Skizze 3 ergibt.

Einfluß der Breite des Plattengurts auf das Widerstandsmoment eines Systems aus Profil und Platte.

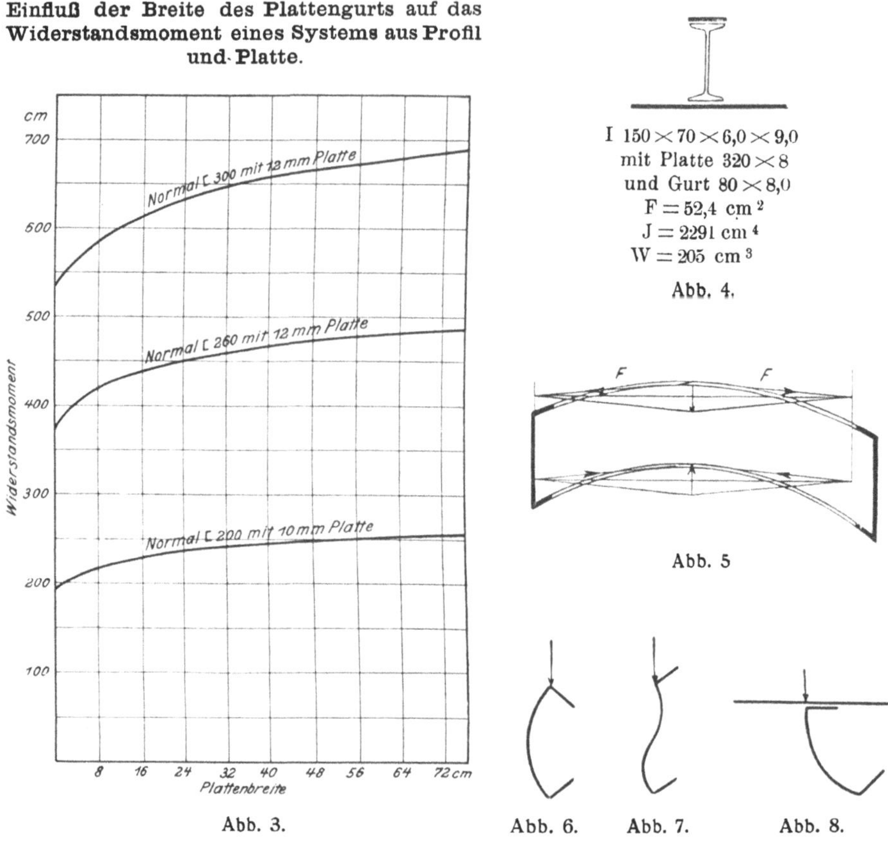

Abb. 4.

Abb. 5

Abb. 3.   Abb. 6.   Abb. 7.   Abb. 8.

nur noch sehr klein. Da man ferner wegen der üblichen Versteifungsentfernungen nach oben in der Annahme dieser Breite beschränkt ist, so wird sich ein Irrtum in ihrer Annahme sicher innerhalb der Fehlergrenzen halten, mit denen der Konstrukteur ohnehin rechnen muß. Wahrscheinlich ist die Unsicherheit, die durch ungleiche Güte der Nietung und durch die wechselnde Wirkung des Wasserdrucks in die Rechnung kommt, der einmal die Verbindung zwischen Profil und Platte lockert, ein andermal die Platte fester auf das Profil drückt, größer, als die aus der Ungewißheit über die Breite des Plattengurts entstehende.

Die Wirkung der Annahme eines solchen tragenden Plattengurts ist natürlich, wie die obige Skizze zeigt, eine bessere Bewertung der Versteifungen, denn das Widerstandsmoment des Systems ist größer als das der Versteifung allein. Man sieht jedoch auf den ersten Blick, daß die Zunahme des Widerstandsmomentes nicht dem Anwachsen des in die Rechnung eingeführten Materialquerschnitts entspricht. Im obigen Beispiel wächst bei einem Vergleich mit dem alleinstehenden I-Profil der Querschnitt des aus Platte und Profil bestehenden Versteifungssystems von 20,4 cm² auf 46,0 cm², also um 125 %, während das Trägheitsmoment nur von 734 cm⁴ auf 1442 cm⁴, also nur um 96 %, und das Widerstandsmoment sogar nur von 97,9 cm³ auf 121,2 cm³, also lediglich um 24 % gesteigert wird.

Wenn man also auch einen Gewinn an Widerstandsfähigkeit aus der neuen Rechnungsart zieht, so drängt sich doch bald die Erkenntnis auf, daß die Materialausnutzung bei den gebräuchlichen Versteifungssystemen, für deren Abmessungen doch fast immer das Widerstandsmoment maßgebend ist, sehr ungünstig ist. Die Ursache des Übels ist die starke Unsymmetrie des Querschnitts in bezug auf seine neutrale Faser, denn der Plattengurt zieht die Nullachse stark zu sich heran. Will man dem begegnen, so muß man ein Gegengewicht gegen den Plattengurt durch Verstärkung der freien Profilseite schaffen. Vernietet man beispielsweise mit den freien Flanschen des I-Eisens in der obigen Skizze 2 eine Gurtplatte von 80×8 mm Querschnitt, so hat diese Konstruktion einen Gesamtquerschnitt von 52,4 cm², ein Trägheitsmoment von 2291 cm⁴ und ein Widerstandsmoment von 205 cm³. Sieht man also den Wert, Widerstandsmoment durch Fläche, als Maß der Materialausnutzung an, so erhält man bei der Konstruktion ohne Gurtplatte dafür $121,2 : 46,0 = 2.64$, mit Gurtplatte $205 : 52,4 = 3,92$, also eine bedeutende Steigerung dieses Wertes.

Aus der Annahme, daß man bei der Berechnung einer mit einer Beplattung vernieteten Versteifung die Platte mit einer bestimmten Breite als tragend ansehen darf, ergibt sich also mit Rücksicht auf die bestmögliche Materialausnutzung die Forderung, Profile mit möglichst starken oder verstärkten Außengurtungen zu Versteifungen zu verwenden. Die daraus für die weitere Ausbildung der Schiffbauversteifungen entstehenden Folgerungen werden uns im dritten Teile dieser Arbeit beschäftigen, nachdem ihr zweiter

Teil uns zur Beschränkung dieser Forderung auf symmetrische Profile geführt hat.

B. Der Einfluß der Unsymmetrie auf die Tragfähigkeit von Profilen.

Die Entscheidung dieser Frage ist für den Schiffbau von größter Bedeutung, weil die am häufigsten verwandten Profile, die ⌷- und ⌷-Stahle, zu den unsymmetrischen Profilen gehören. Theoretisch ist das Problem aber bis jetzt nur in Deutschland behandelt worden und zwar von Meldahl, Stieghorst und Sonntag, an deren Untersuchungen sich dann Versuche von Bach schließen. Es möge hier zunächst ein kurzer, kritischer Überblick über ihre Anschauungen und Ergebnisse folgen; weiter unten soll dann im Anschluß an Bachs Versuche eine neue Hypothese über den Einfluß der Unsymmetrie aufgestellt werden.

Der erste Versuch, die schon längst bekannte, dem rechnerischen Wert gegenüber verminderte Tragfähigkeit der ⌷-Profile zu erklären, wurde von Meldahl 1903 in seinem schon erwähnten Vortrag vor der Schiffbautechnischen Gesellschaft über den „Einfluß der Stegdicke auf die Tragfähigkeit eines ⌷-Balkens" unternommen. Er führt darin seine Darlegungen nach zwei Richtungen durch, indem er erstens „die mit bezug auf das seitliche Ausbiegen unstabile Gleichgewichtslage eines sonst widerstandsfähigen Balkens" und zweitens die Ursachen der häufig an ⌷-Eisen bemerkten Stegverwerfungen untersuchte.

Den Fall des unstabilen ⌷-Balkens führt er auf den einfachen, unstabilen Balken von hohem, rechteckigen Querschnitt zurück, der an seinem freien Ende ein Gewicht P in solche Höhe h über der Balkenachse trägt, daß eine geringe Vergrößerung von P genügt, um eine Seitenausbiegung und Drehung des Stabes um seine Längsachse herbeizuführen. Meldahl leitet daraus mathematisch eine Formel für eine kritische Balkenlänge ab, bei der nicht mehr das Widerstandsmoment, sondern die Rücksicht auf das Ausfedern für die Dimensionierung des Balkens maßgebend ist. Er mißt allerdings selbst diesem Wert keine praktische Bedeutung bei, weil Schiffbaubalken selten diese Länge erreichen; da aber selbstverständlich bei dickeren Balken diese kritische Länge größer ist als bei dünnen, leitet er doch aus dieser Formel den Wunsch nach größerer Stegdicke der ⌷-Profile ab. Das ist etwas gefährlich, denn bei der Übertragung der an dem Balken von rechteckigem Querschnitt gewonnenen Erkenntnis auf Profile von ⌷-förmigem

Querschnitt hätte er nach den neueren Anschauungen über die Drehfestigkeit solcher Profile ebenso gut zu einer Verstärkung der Flanschen raten können.

Die eigentliche Erklärung für die Minderwertigkeit der Profile sieht Meldahl aber in einer Verwerfung und daraus folgenden verminderten Widerstandsfähigkeit des Stegs. Diese leitet er folgendermaßen ab:

„Wenn wir einen solchen gebogenen Balken betrachten (siehe die Skizze 5), so sehen wir, daß die beiden Kräfte F—F$_1$, welche im oberen Flansch zwei Nachbarabschnitte angreifen, eine nach unten gerichtete Kraft Q hervorrufen. . . . . Q verursacht ein Biegungsmoment M für die Einheit der Länge des Stegs. Diese Kraft Q drückt den oberen Flansch nach unten, den unteren nach oben, so daß sich nach Meldahl die Flanschen mit ihren freien Kanten beim Biegen des Profils nähern. Der Neigungswinkel, den die Flanschen dabei miteinander bilden, ist dabei proportional $\dfrac{b^2\,t}{d^3}$ worin b die Flanschbreite, t die Flanschdicke und d die Stegdecke ist. Diesen Ausdruck sieht Meldahl als Maß für die Steifheit und Widerstandsfähigkeit des Profils an und folgert aus Versuchen an [-Profilen mit verschiedener Stegdicke, die mit Platten vernietet waren, daß $\dfrac{b^2\,t}{d^3}$ bei einem [-Balken nicht größer als 50 sein dürfe, wenn er steif genug sein soll. Aus dieser Formel leitet er für die gebräuchlichen Profilhöhen bei gegebener Flanschdicke und -breite die Mindeststegstärke ab und kommt dabei zu sehr hohen Werten, z: B. fordert er gegenüber dem deutschen Normalprofil [300 × 10 × 100 × 16 ein Profil [300 × 15 × 100 × 17, also einen um 50 % stärkeren Steg.

Dieser zweite Teil der Meldahlschen Ausführungen erscheint sehr bedenklich. Die aus den Meldahlschen Theorien sich ergebende Formänderung der Profile tritt in Wirklichkeit gar nicht ein; denn ein von oben belastetes Profil verändert seinen Querschnitt nicht, wie Meldahl angibt, nach Abb. 6, sondern nach Abb. 7, wie unten näher ausgeführt werden wird. Wahrscheinlich kam Meldahl dadurch zu dem Irrtum, daß er seine mit Platten vernieteten Profile so beanspruchte, daß der freie Flansch auf Zug stand, also die in Abb. 7 unten gezeichnete Deformation erlitt, die beim Festhalten des oberen Flansches natürlich zu einem Herunterklappen des Stegs auf die Platte führt, wie es in Abb. 8 dargestellt ist. Diese auf der Zugseite des Profils beobachtete Formänderung übertrug Meldahl auf die Druckseite, ohne sich durch einen Versuch von der Zulässigkeit dieses Analogieschlusses zu überzeugen. Es ist eigenartig, daß Meldahl nicht auf diesen Irrtum aufmerksam gemacht wurde, denn seine ganze Theorie steht und fällt mit dieser Behauptung. Ebenso hat Meldahl nicht versucht, die Größe der Kraft zu bestimmen, die nach seiner Theorie den Steg auf Biegung beansprucht. Stieghorst hat sich dieser Mühe in der Zeitschrift „Schiffbau" 1918 S. 88 ff. unterzogen und kam dabei zu dem Ergebnis, daß wegen der großen Krümmungsradien, die bei normalen Belastungfällen in Frage kommen, die Resultante Q so klein ist, daß sie unmöglich eine Deformation des Stegs herbeiführen kann und so auch in keiner Weise die Verstärkung des Stegs rechtfertigt. Der Meldahlsche Vortrag hat aber trotz dieser Irrtümer den größten Erfolg gehabt; die Einführung dickstegiger Schiffbauprofile in Deutschland geht im wesentlichen auf ihn zurück.

Fast gleichzeitig sind einige Jahre nach dem Vortrag Meldahls Sonntag und Stieghorst mit neuen Theorien über die Beanspruchungen in unsymmetrischen Profilen hervorgetreten, und zwar Stieghorst in der eben erwähnten Arbeit in der Zeitschrift „Schiffbau" 1908, S. 85 ff., und Sonntag in seinem Buch „Biegung, Schub und Scherung in Stäben von zusammengesetzten und mehrteiligen Querschnittsformen von gleichen und wechselnden Trägheitsmomenten".

Beiden ist folgendes gemeinsam: Sie berechnen zunächst in der üblichen Weise die Spannungsverteilung in dem Profil und leiten dann aus der Querkraft (Stieghorst) oder Scherkraft (Sonntag) zwischen Steg und Flansch eine Biegungsbeanspruchung des Flansches in seiner Ebene ab, die zusätzliche Spannungen zu den ursprünglich konstruierten gibt.

Stieghorst folgert dann weiter: Da die Spannungen auf der Beanspruchung des Profils und aus dem Biegemoment in der Flanschebene an der Stegkante des Flansches beide dasselbe Vorzeichen haben, tritt hier die Maximalbeanspruchung des Profils auf. Diese ist größer als die aus dem Geradliniengesetz sich ergebende, und er reduziert daher das in der üblichen Weise bestimmte Widerstandsmoment im Verhältnis dieser Spannungen und sieht das so gewonnene „reduzierte Widerstandsmoment" als Maß für die wirkliche Widerstandsfähigkeit an. Dieser Wert muß zu klein werden, denn da er aus dem Trägheitsmoment abgeleitet ist, wäre dieses reduzierte Widerstandsmoment in dem Fall vorhanden, daß die ganze Außenkante des Flansches mit der hohen Beanspruchung gespannt wäre. Das ist aber nach Stieghorst nicht der Fall, sondern die Spannung sinkt dort mit der Entfernung von der Stegkante. Seine Rechnung ist also zu ungünstig, und tatsächlich erscheinen seine Werte im Vergleich mit der Erfahrung und den später noch zu beschreibenden Bachschen Versuchen sehr niedrig; errechnet er doch z. B. für das deutsche Normaleisen ⌶ $140 \times 60 \times 7 \times 10$ ein Verhältnis von

W_{red}: W von 0,44, so daß ein solcher Balken nicht die Hälfte der bisher angenommenen Last tragen könnte.

Ähnlich geht Sonntag vor. Auch er berechnet zunächst die Profilbeanspruchung in der üblichen Art und rechnet zu diesen „Grundspannungen" mit Hilfe der nachfolgenden Sätze wieder zusätzliche Biegungsspannungen in den Flanschen hinzu. Von der Anschauung ausgehend, daß der Steg als Urbestandteil des Trägers und die Flanschen als seine Verstärkungen anzusehen sind, schließt er: „Da die Scherspannungen in dem Abschlußquerschnitt von Gurt und Steg infolge der Inspannungsetzung des Gurts durch den Steg auftreten, so müssen sie ein Maßstab für die dem Gurt erteilten Spannungen sein, d. h. die der mittleren Biegungsspannung entsprechende Normalkraft an irgend einer Stelle des Gurts muß gleich der Summe der vom Auflager her an ihr wirksamen Scherkräfte sein,   wobei unter Scherkraft das Produkt aus Anschlußquerschnitt und Scherspannung verstanden ist. Liegt z. B. ein Gurtquerschnitt um die Länge b vom Auflager entfernt, ist die Stärke des b langen Anschlußquerschnittes gleich d und der konstante Querschnitt des Gurts gleich f, so muß sein

$$\Sigma\, b\,.\,d\,.\,s\,. = K = f\,.\,\delta,$$

worin s die Scherspannung und σ die Biegungsspannung im Gurtquerschnitt ist." Weiter folgert er dann:

„Löst man eine Gurtung vom Stege los, läßt sie aber in ihrem Spannungszustand, so ist sie, abgesehen von den der Stabdurchbiegung entsprechenden Belastungen zur Herbeiführung des Gleichgewichts als äußere Kraft im wesentlichen nur mit der den eben berechneten Scherspannungen s entsprechenden Scherkraft K zu belasten." „Diese Kraft K beansprucht den Gurt eines gedrückten Stabes teils auf Druck und Biegung, den eines gezogenen Querschnitts auf Zug und Biegung."

Sonntag berechnet weiter die Größe des aus den obigen Sätzen folgenden Biegemoment in der Flanschebene und leitet daraus die Notwendigkeit von Formänderungen des Flansches ab. Diese Formänderungen hängen natürlich wesentlich von dem Materialzusammenhang zwischen Gurtung und Steg, weit mehr als die Sonntagsche Rechnungsart es verfolgen läßt. Immerhin schließt Sonntag aus seinen Rechnungen, daß bei allen unsymmetrischen Profilen Formänderungen der Gurtungen auftreten müssen, daß dagegen bei symmetrisch angeordneten Gurtungen, wie sie bei $\bot$ - und I-Profilen vorhanden sind, diese Formänderungen sich aufheben müssen. „Diese seitlichen

Durchbiegungen und die ihnen entsprechenden Beanspruchungen sind . . . der Rechnung zugänglich."

Sonntag führt diese Rechnungen an mehreren Beispielen durch und kommt dabei auf S. 102 seines Buches, um hier einen Fall herauszugreifen, bei der Untersuchung eines deutschen Normal- $\sqsubset$-Eisens zu dem Ergebnis, daß bei einem Biegemoment von 50 000 cmkg die Stegseite des Flansches eine Zugspannung von 1080 kg/cm², die freie Kante des Flansches dagegen eine Druckspannung von 353 kg/cm² hat. Das ist das erstemal in der Literatur, wo auf die Möglichkeit dieses Spannungswechsels über den Flansch hingewiesen wird. Es ist sehr zu bedauern, daß Sonntag nicht versucht hat, mit Hilfe seiner Gedankengänge die allgemein bekannte, geringe Widerstandsfähigkeit solcher unsymmetrischen Profile zu erklären, und die bei Profilgurtungen auftretenden Formänderungen einwandfrei abzuleiten.

Mit den Sonntagschen Betrachtungen schließen die bisher vorhandenen theoretischen Untersuchungen über die Spannungsverteilung in Trägern mit seitlichen Gurtungen ab. Einen Schritt vorwärts bedeuten allerdings Bachs Versuche an solchen Profilen, aber ihre Auswertung ist bis jetzt von keiner Seite ernsthaft in Angriff genommen worden. Bach hat zwei Versuchsreihen durchgeführt. Die erste bezieht sich auf die aus Biegungsversuchen sich ergebende Widerstandsfähigkeit von breitflanschigen $\mathtt{I}$-Grey-Trägern und Normal- $\sqsubset$-Profilen mit verschiedenen, durch Abhobeln hergestellten Flanschbreiten. Kurz zusammengefaßt ist das Ergebnis die Feststellung, daß die untersuchten breitflanschigen $\mathtt{I}$-Grey-Träger innerhalb der Elastizitätsgrenze keine Minderwertigkeit gegenüber der Rechnung zeigen, daß dagegen die Berechnung des Widerstandsmomentes von $\sqsubset$-Eisen auf Grund der Bernoullischen Annahme falsch sein muß, weil die Versuche unzweideutig ergeben, daß das tatsächlich vorhandene Trägheitsmoment bis zu 40 % kleiner ist als das auf Grund des Geradliniengesetzes bestimmte, und daß die Spannungen in den Flanschen sich durchaus nicht nach diesem Gesetz berechnen lassen, sondern daß sie bei unsymmetrischen Profilen nach außenhin eine starke Abnahme aufweisen, häufig sogar das Vorzeichen wechseln.

Die zweite Reihe von Versuchen hat Bach für den Verein Deutscher Seeschiffswerften und den Germanischen Lloyd ausgeführt. Es sind Biegungsversuche an Schiffbaustahlen von $\sqsubset$- und $\sqsubset$-Formen, und zwar an Profilen allein und an solchen, die mit Platten verschiedener Dicke vernietet waren. Die Ergebnisse, die sich vollkommen mit den Resultaten der ersten Reihe decken, sind nicht allgemein bekannt; die vorliegende Arbeit enthält daher weiter unten ihre Zusammenstellung, während das Ergebnis der ersten Versuche in der Z. d. V. D. I. 1909 S. 1790 veröffentlicht ist.

Nach meiner Ansicht, die ich noch begründen werde, ist leider bei den Versuchen nicht berücksichtigt worden, daß ihre Ergebnisse nur dann einwandfrei werden konnten, wenn man aus ähnlichen Gründen, aus denen Sonntag seitliche Deformationen des Flansches ableitete, die ⊏-Stahle an seitlichen Bewegungen nicht gehindert wurden. Bei der ersten Versuchsreihe wurde aber der auf der Lastseite liegende Flansch durch den mit der Maschine starr verbundenen Stempel durch die Reibung zwischen beiden seitlich gestützt und bei der zweiten hat man sogar seitliche Rundeisenführungen der Flanschen angeordnet. Ich möchte gleich hier auf diesen Umstand hinweisen, weil er bei dem Vergleich der Versuchswerte mit den später rechnerisch zu ermittelnden Werten unbedingt berücksichtigt werden muß.

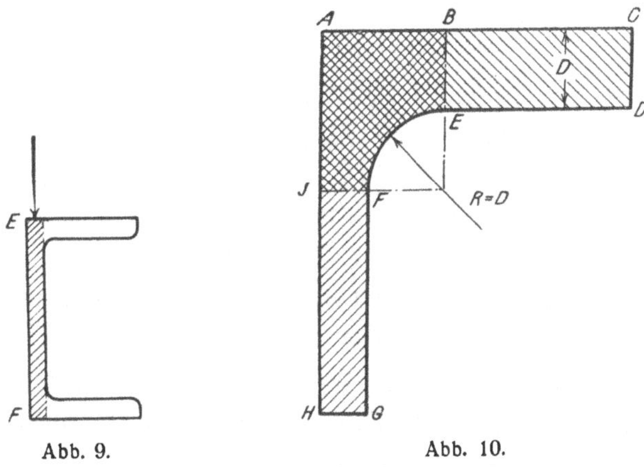

Abb. 9.   Abb. 10.

Bach erklärt die Ergebnisse seiner Versuche folgendermaßen: „Der Kern des auf Biegung beanspruchten Trägers mit ⊏-förmigem Querschnitt ... ist der Steg, wie in Abb. 9 hervorgehoben ist. Bei der Durchbiegung in senkrechter Richtung werden die Fasern in E gekürzt und in F gedehnt; damit wirkt der Steg auf die obere Flansche drückend und bei F auf die untere ziehend. Die obere Flansche erscheint hiernach als ein Stab, der durch eine exzentrisch angreifende Kraft auf Druck beansprucht wird und infolgedessen eine ungleichmäßige Verteilung der Spannungen über den Querschnitt erfährt. Die untere Flansche zeigt sich als ein Stab, der durch eine exzentrisch angreifende Kraft auf Zug beansprucht wird und deshalb gleichmäßige Verteilung der Spannungen über den Querschnitt nicht aufweisen kann.

Einen ähnlichen Weg zur Erklärung der Spannungsverteilung in Profilen hatte ich schon vor Kenntnis der Bachschen Veröffentlichung betreten, und die dabei von mir befolgte Art scheint meines Erachtens eine rechnerische Lösung und Deutung der Spannungsverteilung in verwickelten Querschnittsformen möglich zu machen.

Im folgenden möchte ich diese Methode an einem Beispiele erläutern, und zwar an einem ⊏-Stahl 240 × 16 × 100 × 18 mit auf 60 mm abgehobelten Flanschen. Wenn die Darstellung des Rechnungsganges dabei manchmal weitläufig erscheinen mag, so möchte ich das damit begründen, daß die benutzten graphischen Methoden im Schiffbau nicht geläufig sind.

Graphische Lösung des Problems der Flanschenbelastung.

Der grundlegende Gedanke ist hier ebenso wie in den Folgerungen, die Bach aus seinen Versuchen zieht, der, daß der Steg der Hauptbestandteil des Trägers ist, der durch die Flanschen verstärkt wird, und zwar in dem Maße, in dem es ihm gelingt, den Flanschen seine Spannungen mitzuteilen. Daraus ergibt sich die Notwendigkeit, Klarheit über den Spannungsübergang zwischen Flanschen und Steg zu schaffen. Sonntag nimmt unter Vernachlässigung der Abrundungen an, daß die Stegfasern die Flanschfasern in der Verlängerung der Innenkante des Flansches mitnehmen; Bach dagegen läßt den Steg als Hauptträger, wie in der obigen Abbildung gezeichnet, von oben bis unten durchlaufen und sieht die Flanschen als seitliche Ansätze an. Die Entscheidung darüber ist sehr schwierig, weil der Beweis für die Richtigkeit einer Hypothese darüber nur aus Versuchen gezogen werden könnte, man sich aber gleichzeitig sehr hüten muß, aus wenigen Proben Schlüsse ziehen zu wollen, weil das Material schon innerhalb eines Profils an der Übergangsstelle vom Steg zum Flansch nicht homogen sein wird, geschweige denn gleich bei verschiedenen Profilen. Ich glaubte der Wechselwirkung zwischen Steg und Flansch und dem Einfluß der Abrundung in der inneren Flanschecke bei folgender Annahme am besten Rechnung zu tragen. Man sieht den Steg als einen Stab von dem Querschnitt A B E F G — H J und den Flansch als solchen mit dem Querschnitt A B C D E F J, so daß Steg und Flansch sich mit der Fläche A B E F J überdecken. Belastet man nun das Profil, so werden die durch die Fläche A B E F J gehenden Stegfasern gedrückt oder gezogen, also auch die zum Flanschstab innerhalb dieser Fläche gehörenden. Die Spannungsverteilung über den Querschnitt des Flansch-stabes erhält man dann also, indem man seine Beanspruchung für den Fall konstruiert, daß die links von B E liegenden Fasern seines Querschnitts A B C D E F J in der sich aus der Stegbeanspruchung ergebenden Art ge-zogen oder gedrückt werden.

Diese Annahme ist zunächst natürlich vollkommen hypothetisch, aber man kann den Bachschen Versuchen eine gewisse Bestätigung ihrer Zu-lässigkeit entnehmen. Die willkürlich erscheinende Abgrenzung durch die Linie B E kann man als richtig ansehen, wenn ein Profil mit der Begrenzung B E bei Versuchen sich als vollwertig erweisen würde. Das kann man aber, selbstverständlich mit der gebührenden Vorsicht, wohl den unten auf S. 73 aufgeführten Bachschen Versuchsergebnissen entnehmen. Das dort aufge-führte Schiffbauprofil $\sqsubset$ 240 $\times$ 13 $\times$ 100 $\times$ 16 hat bei 39,8 bzw. 42,8 mm breitem Flansch einen Gütegrad von 1,00. Da die Linie B E bei dem Profil 13 + 16 = 29 mm von der Stegkante liegen würde, also noch innerhalb der Begrenzungslinie des Bachschen Versuchsprofils liegt, erscheint meines Er-achtens die oben gemachte Annahme über die Spannungsverteilung im Profil bis zur Kante B E zulässig.

Man hat nun also die Aufgabe zu lösen, die Beanspruchung der Flanschfasern über den Querschnitt A B C D E F J für den Fall zu kon-struieren, daß die Fasern im Bereich der Querschnittsfläche A B E F J in der sich aus der Stegbeanspruchung ergebenden Art gespannt werden. Denkt man sich aus einem auf Biegung beanspruchten Profil eine Querschnitts-schicht von so kleiner Länge herausgeschnitten, daß man über diese Länge die Spannungen als konstant ansehen darf, so kann für diesen unendlich kurzen Stab mit der Fläche A B C D E F J als Grundfläche die obige Auf-gabe als gleichbedeutend mit der anderen angesehen werden, daß die Span-nungen in dem Querschnitt A B C D E F J für den Fall konstruiert werden sollen, daß ihr Teil A B E F J so belastet ist, daß diese Belastung in A B E F J die durch die Stegbeanspruchung hervorgerufenen Spannungen hervorruft. Da die Aufgabe in dieser Form nicht löslich ist, wurde in folgendem die über A B E F J verteilte Last durch eine in ihrem Schwerpunkt M angreifende Einzellast ersetzt, so daß die obige Aufgabe auf die Berechnung der Quer-schnittsspannungen über A B C D E F J aus einer in M angreifenden, also exzentrischen Normalkraft zurückgeführt wird.

Die Lösung erfolgt am einfachsten mit Hilfe des Culmannschen Satzes: Wirkt in einem beliebigen Punkte eines Querschnitts eine Normalkraft, so besteht zwischen dem Angriffspunkt der Normalkraft und der zugehörigen Nullinie das Gesetz von Pol und Antipolaren bezüglich der Zentralellipse des Querschnitts als Ordnungskurve.

Man zeichne also zunächst die Zentralellipse des Querschnitts A B C D E F J. Zu dem Zweck sind in dem beiliegenden Skizzenblatt 11 die

Konstruktion der Trägheitsmomente für den 60 mm breiten Flansch der
[240 × 16 × 100 × 18
etwa 1.5 : 1

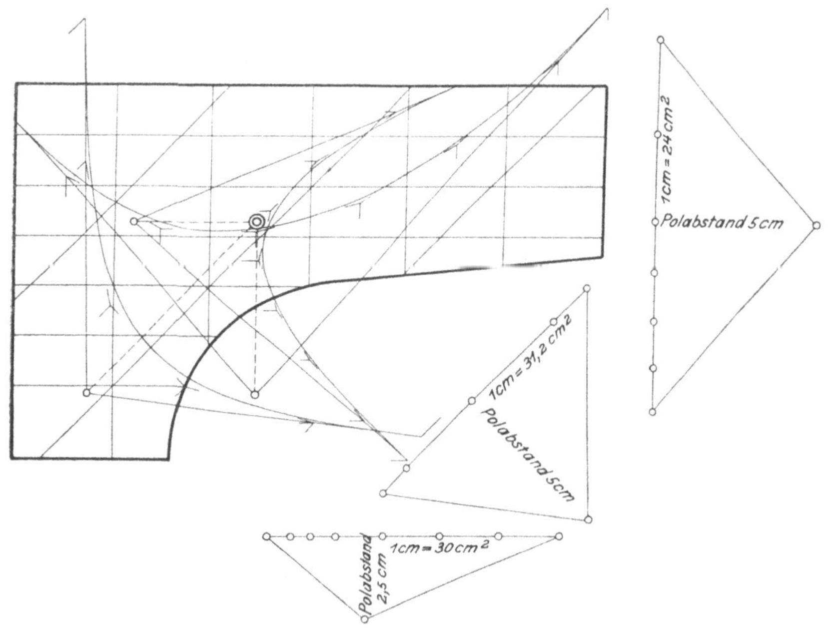

Flanschfläche	Achse	Momentenfläche	J cm⁴	i²cm²	i cm
	0°	31,2 cm²	3744	27,9	5,28
134,1 cm²	45°	10,1 cm²	1576	11,75	3,43
	90°	14,4 cm²	1080	8,06	2,84

Abb. 11.

Trägheitsmomente des Querschnitts für 3 verschiedene Achsen, und zwar nach dem bekannten Culmannschen Verfahren für je eine unter 0,45 und 90° gegen die Vertikale geneigte Achse konstruiert worden. Man erhält dabei gleichzeitig den Schwerpunkt S des Querschnitts als Schnittpunkt derjenigen drei Geraden, die man unter 0,45 und 90° durch den Schnittpunkt der äußeren

Seilstrahlen der zu den betreffenden Neigungen gehörenden Seilpolygone zieht.

Aus den Trägheitsmomenten bestimmt man dann die zu den drei Achsenrichtungen gehörenden Trägheitsradien, die den Abstand der zu diesen Richtungen parallelen Tangenten der Zentralellipse vom Schwerpunkt angeben, so daß man diese selbst aus 3 Paaren paralleler Tangenten zeichnen kann. Da die hierzu zweckmäßigste Art mit Hilfe der Involute nicht geläufig

Konstruktion der Zentralellipse für den 60 mm breiten Flansch des ⌶ 240 × 16 × 100 × 18.

etwa 1,5 : 1.

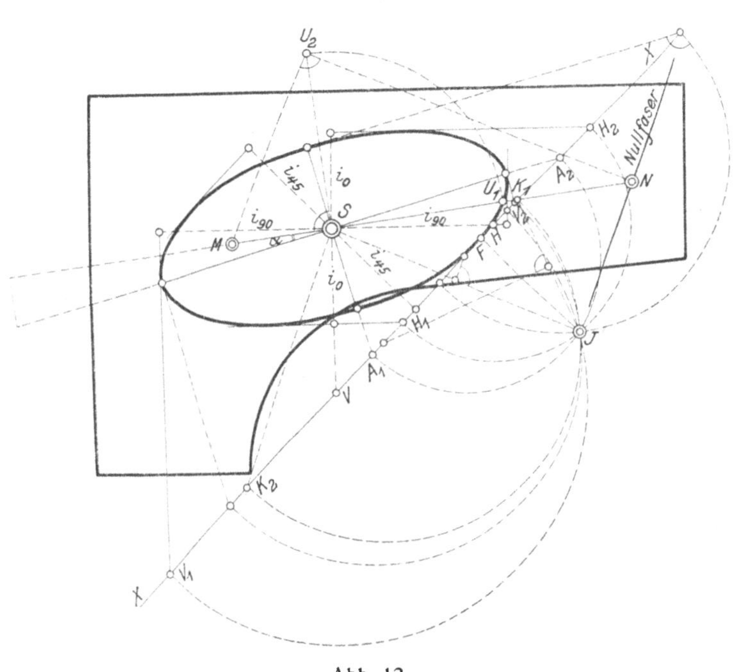

Abb. 12.

sein dürfte, möge sie hier kurz angegeben werden. Sie geht zurück auf den Satz:

Die Schnittpunkte paralleler Tangenten eines Kegelschnitts auf irgend einer Tangente bestimmen eine involutorische Punktreihe; der Berührungspunkt ist Mittelpunkt der Involution. Das Produkt der Entfernungen des Mittelpunktes von entsprechenden Punkten der involutorischen Reihe ist konstant und gleich der Potenz der Involution.

Daraus ergibt sich die auf der Abb. 12 dargestellte Konstruktion der Zentralellipse. Man ziehe durch den Schwerpunkt S drei Gerade unter 0,45 und 90 ° Steigung und in den zugehörigen Abständen i_0, i_{45} und i_{90} auf beiden Seiten von S die zu ihnen parallelen Geraden, die also die drei Paar paralleler Tangenten der Zentralellipse sind. Zum Träger der involutorischen Reihe ist in dem gezeichneten Beispiel die Tangente x—x gemacht worden. Die Schnittpunkte des vertikalen Tangentenpaares mit der Involute seien V_1 und V_2, die des horizontalen H_1 und H_2; der Schnittpunkt J der Halbkreise über $V_1 V_2$ und $H_1 H_2$ mit den Mittelpunkten V und H auf der Involute ist dann der Zentralpunkt der involutorischen Reihe. Die Länge JF des Lotes von J auf x—x ist dann die Potenz der Involution, sein Fußpunkt F zugleich ihr Mittelpunkt und der Berührungspunkt der Tangente x—x. Die Achsen der Zentralellipse findet man dann als das Rechtwinkelpaar konjugierter Durchmesser mit Hilfe der Beziehung, daß die Schnittpunkte zweier konjugierter Durchmesser mit der Involute und der Zentralpunkt J auf einem Halbkreis mit dem Mittelpunkt auf x—x liegen. Verbindet man also J mit S, errichtet auf JS die Mittelsenkrechte und schlägt um den Schnittpunkt O dieses Lotes mit der Involute den Kreis mit OJ als Halbmesser, so findet man die Achsenrichtungen der Ellipse als die Verbindungslinien des Punktes S mit den Schnittpunkten A_1 und A_2 dieses Halbkreises mit der Involute. Die Längen der Ellipsenachsen erhält man, indem man z. B. für die Richtung AS die zu A_1S parallelen Tangenten konstruiert, deren Fußpunkte auf der Involute man durch Schlagen des Kreises um A_1 mit A_1J als Halbmesser findet. Aus den so gezeichneten Achsen kann man dann die Ellipse in einer der üblichen Arten zeichnen.

Nimmt man nun, wie es oben abgeleitet wurde, M als Angriffspunkt einer Kraft an, so ist die gesuchte Nullfaser des Querschnitts bei der aus dieser Belastung folgenden Beanspruchung festgelegt durch die Beziehung. daß sie nach dem oben angeführten Culmannschen Satz die Antipolare von M in bezug auf die Zentralellipse ist. Ihre Richtung findet man als die des zu SM konjugierten Durchmessers, indem man durch J und K_1 den Halbkreis mit dem Mittelpunkt L auf der Involute schlägt und dessen Schnittpunkt K_2 mit der Involute mit S verbindet. SK_2 ist dann die gesuchte Richtung der zu M als Kraftangriff gehörenden Nullfaser. Ihren Abstand von S findet man, indem man auf SM in S das Lot errichtet, seine Länge gleich SU_1 macht und dann den Schnittpunkt N mit dem Lot auf MU_2 in U_2 konstruiert. Die Parallele durch N zu K_2S ist die gesuchte Nullfaser. Der Beweis für die eben angegebene Konstruktion von N würde hier zu weit führen. Ich verweise als Quelle für ihn auf Tetmajer, Elastizitäts- und Festigkeitslehre 1904, S. 167.

In dem gezeichneten Beispiel fällt die Nullfaser noch in den Querschnitt A B C D E F J. Unter der Voraussetzung, daß der physikalische Zusammenhang zwischen dem Culmannschen Satz und dem Verhalten von Flußeisen als bewiesen angesehen wird, heißt das, daß die Normalspannungen nicht über den Flanschquerschnitt gleiche Größe haben, sondern vom Steg her bis auf Null in der eben konstruierten Nullfaser sinken und von dort mit entgegengesetztem Vorzeichen wieder linear bis zu einer durch die Lage der Nullfaser bedingten Höhe anwachsen. In den Horizontalschnitten des Flansches herrscht also durchaus nicht über die ganze Breite eine konstante, der Stegbeanspruchung in demselben Höhenschnitt gleiche Spannung, sondern in einem solchen Schnitt senkrecht zur Stegkante ist stets die Spannung am Steg am höchsten, an allen anderen Punkten kleiner. Daraus ergibt sich ohne weiteres, daß die Berechnung des Trägheitsmomentes eines Profils mit

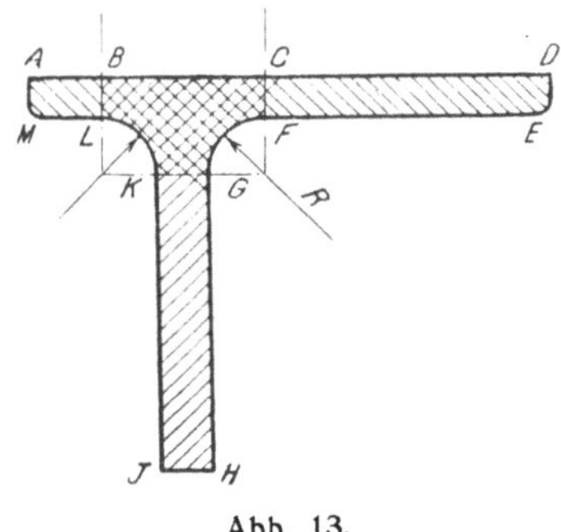

Abb. 13.

einseitiger Gurtung nach dem Geradliniengesetz falsche Ergebnisse liefern muß, und zwar zu günstige, weil die Flanschen infolge ihrer geringeren Inspannungsetzung bedeutend weniger tragen als diese Rechnungsart annimmt.

Da die eben gezeigte Konstruktion keinerlei Einschränkung wegen des besonderen Falles aufweist, müssen ihre Folgerungen für jede beliebige Form eines seitlichen Ansatzes des Stegs gültig sein, denn man kann für jede davon vorkommende Art dieselben Ableitungen machen, wie für das obige Beispiel. Nimmt man als Beispiel dafür das in Abb. 13 gezeichnete Profil, so hat man einen Steg mit dem Querschnitt BCFGHJKLB und einen Flansch ABCDEFGKLMA. Man würde dann also wieder die Spannungsverteilung konstruieren können, wenn man die Belastung des Flansches durch eine im Schwerpunkt der doppelt schraffierten BCFGKLB angreifende Kraft zeichnete. Wenn im folgenden unter dem Kern des Querschnitts die Fläche verstanden wird, innerhalb deren der Angriffspunkt einer Normalkraft liegen muß, wenn der Querschnitt ausschließlich Spannungen eines Vorzeichens erfahren soll, folgen demnach aus dem obigen Beispiel die nachfolgenden drei Sätze:

1. Liegt der Schwerpunkt der Durchdringungsfläche von Steg und Flansch außerhalb des Kerns des Flanschquerschnittes, so wechseln bei beanspruchtem Träger die Normalspannungen über den Flansch das Vorzeichen.

2. Liegt dieser Schwerpunkt innerhalb des Kerns des Flansches, so haben diese Spannungen über den Querschnitt gleiches Vorzeichen, aber wechselnde Größe.

3. Fällt dieser Schwerpunkt mit dem Schwerpunkt des Flanschquerschnittes zusammen, so haben die Normalspannungen des Flansches über den ganzen Querschnitt gleiche Größe und Richtung wie die Stegspannung in demselben Abstand von der neutralen Faser.

Satz 1 ist nur die Verallgemeinerung der an dem Beispiel des C 240 gewonnenen Erkenntnis. Satz 3 ist besonders wichtig für die Beurteilung symmetrischer Profile, wie es T-Wulsteisen, I-Eisen, breitflanschige Greyprofile und ähnliche sind. Bei diesen Profilen ist die Bedingung der Deckung der Schwerpunkte fast vollkommen erfüllt, so daß man für sie aus Satz 3 die Vollwertigkeit der Flanschen ableiten darf. Diese Behauptung wird wahrscheinlich auf Widerspruch stoßen, selbst Sonntag und Pietzker bezweifeln ihre Richtigkeit; ihre Berechtigung wird aber vorzüglich bestätigt durch Bachs Versuche an breitflanschigen Greyprofilen, die trotz der großen Flanschenbreite dieser Profile aus Durchbiegungsmessungen einwandfrei ergeben, daß bei ihnen wirklich das auf Grund der Bernoullischen Annahme berechnete Trägheitsmoment vorhanden ist.

**Berechnung des wirklich vorhandenen Trägheitsmomentes
bei unsymmetrischen Profilen.**

Da nach den Ausführungen des vorhergehenden Kapitels bei unsymmetrischen Profilen die Berechnung des Trägheitsmomentes auf Grund des Geradliniengesetzes falsche Ergebnisse haben muß und doch eine möglichst einfache Berechnung der Widerstandsfähigkeit solcher Träger für die Praxis von großer Bedeutung ist, möchte ich im folgenden eine Methode empfehlen, die auf den obigen Ausführungen fußt. Sie kann allerdings nicht den Anspruch unbedingter Genauigkeit machen, immerhin werden ihre Ergebnisse aber sehr gut durch die Erfahrung und durch Versuche an Profilen bestätigt.

Diese neue Art der Berechnung des wirklich vorhandenen Trägheitsmomentes benutzt eine sogenannte „reduzierte" Flanschfläche, die durch die Bestimmung festgelegt ist, daß die Spannung ihrer Flächeneinheit in den zum Steg winkelrechten Schnitten gleich der Spannung im entsprechenden Stegschnitt ist, und daß dabei die von dieser gedachten Flanschfläche aufgenommene Gesamtspannung gleich der Summe der von dem wirklichen Flansch aufgenommenen Kräfte ist.

Diese reduzierte Flanschfläche erhält man auf die in Abb. 3 dargestellte Weise. ABCDEFJA sei der normale Flanschquerschnitt, x—x die auf Blatt 2 bestimmte Nullfaser, M wieder der Kraftangriffspunkt und MNOPQ die Einflußfläche einer beliebigen in M herrschenden Spannung σ Denkt man sich nun den Flansch durch zur Nullfaser parallele Schnitte in unendlich schmale Streifen zerlegt und betrachtet einen solchen Streifen im Abstande η von der neutralen Faser und von der Breite dη, so trägt dieser Streifen, wenn seine Länge a ist

$$K = a \cdot d\eta \cdot \left(\sigma \frac{\eta}{y}\right) \text{kg.}$$

Diese Gleichung läßt sich auch in der Form schreiben

$$K = \left(a \cdot \frac{\eta}{y}\right) \cdot d\eta \cdot \sigma \text{ kg.}$$

Vernachlässigt man, daß die Stegspannungen in dem Bereiche von Innenkante bis Außenkante Flansch nicht konstant sind, setzt ihre Größe vielmehr gleichbleibend gleich σ, so kann man danach die eben gesuchte reduzierte Flanschfläche erhalten, indem man die parallel zur Nullfaser gemessenen Breiten des Flansches überall im Verhältnis ihres Abstandes von der Nullfaser zum Abstand des Kraftangriffs M von der Nullfaser reduziert. Daraus und aus der Bedingung, daß der Abstand des Schwerpunktes der reduzierten Flanschfläche von der neutralen Faser des Profils derselbe sein muß wie der des Schwerpunktes des normalen Flansches, ergibt sich in unserem Beispiel die Abb. ATUVWKLSA. Sie stellt die unter Annahme gleichmäßiger Spannungsverteilung wirklich tragende Flanschfläche dar.

Da der ganzen Rechnung die Annahme zugrunde lag, daß der Steg bis zur Linie BE volltragend sei, und da es zweckmäßiger ist, das Rechteck

AYFJ zum Steg zu rechnen, so ist die in Abb. 14 schraffierte Fläche die gesuchte reduzierte Flanschfläche.

Diese reduzierte Flanschfläche dient nun zur Bestimmung des wirklich vorhandenen Trägheitsmomentes, indem man sie in genau derselben Weise in die Rechnung einführt, wie wenn man das Trägheitsmoment des Profils in der üblichen Art aus Steg und Flansch berechnet.

Konstruktion des reduzierten Flansches für den 60 mm breiten Flansch des ⌶ 240 × 16 × 100 × 18.

etwa 1,5 : 1.

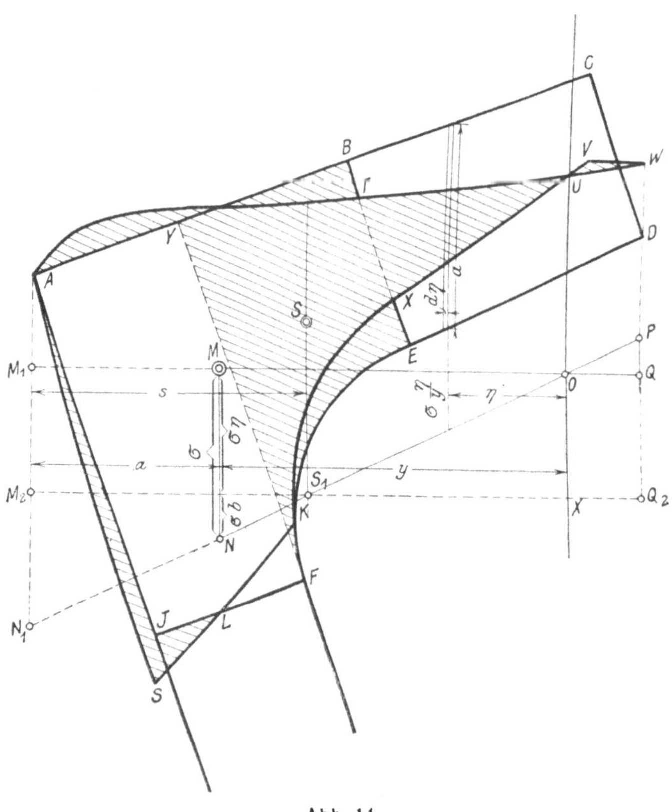

Abb. 14.

Um das eben Gesagte klärer zu machen, mögen hier gleich die Trägheitsmomentenrechnungen für den gezeichneten Fall des ⌶ 240 × 16 × 100 × 18 mit 60 mm breitem Flansch nach der alten und neuen Weise durchgeführt werden. Dabei ergibt sich für das Profil mit vollem Flansch:

	Fläche f cm²	Schwerpunktsabstand a cm	f . a	f . a²	Eigenträgheitsmoment
Flansch. . . .	9,0	0,96	8,7	8,3	2,8
Steg	38,4	12,0	460,8	5 529,6	1 843,2
Flansch . . .	9,0	23,04	207,4	4 777,6	2,8
	56,4		676,9	1 848,8	1 848,8
				12 164,3	

$$\frac{676,9}{56,4} = 12,0 \qquad 676,9 \cdot 1,20 = 8\,122,8 \text{ cm}^4$$

$$\frac{8\,122,8}{J = 4\,041,5 \text{ cm}^4}$$

Dagegen hat das Profil mit reduziertem Flansch folgendes Trägheitsmoment:

	Fläche f cm²	Schwerpunktsabstand a cm	f . a	f . a²	Eigenträgheitsmoment
Flansch. . . .	6,3	0,96	6,1	5,8	1,9
Steg	38,4	12,00	460,8	5 529,6	1 843,2
Flansch. . . .	6,3	23,04	145,2	3 344,3	1,9
	51,0		612,1	1 847,0	1 847,0
				10 726,7	

$$\frac{612,1}{51,0} = 12,0 \qquad 612,1 \times 12,0 = 7\,345,2$$

$$J_r = \frac{7\,345,2}{3\,381,5 \text{ cm}^4}$$

$$= 0,84 \times 4\,041,5 \text{ cm}^4$$

Das wirklich vorhandene Trägheitsmoment beträgt also nur 84% des früher auf Grund der Bernoullischen Annahme berechneten. Die Rechnung ergibt demnach wirklich eine Minderwertigkeit des Profils, die durchaus den Erfahrungen mit solchen Profilen entspricht.

In derselben Weise, wie es hier an einem Beispiel gezeigt worden ist, wurden die Trägheitsmomente aller von Bach geprüften Profile bestimmt. Der Vergleich ihrer Ergebnisse mit den Bachschen Versuchswerten folgt weiter unten.

Erklärung der Formänderungen von Profilen.

Genau die gleiche Spannungsverteilung im Flansche, wie sie eben abgeleitet wurde, würde man in dem betrachteten kurzen Flanschstab bekommen, wenn man ihn außer der Beanspruchung durch eine über seinen Querschnitt konstante Normalspannung mit Biegespannungen belastete, die als Folge eines Biegemomentes gedacht sind, dessen Ebene mit dem Flanschquerschnitt die Schnittlinie MS der Figuren zu dem obigen Beispiel bildet. Über Größe und Form dieses Biegemomentes läßt sich dann folgendes sagen:

Ein C-Balken der in unserem Beispiel betrachteten Art sei durch das in der Abb. 15 gezeichnete Biegemoment als Folge irgend einer Belastung beansprucht. Wenn das C-Profil dann das nach der im vorigen Kapitel angegebenen Weise bestimmte Trägheitsmoment J hat, so ist die Spannung im Punkte M eines Querschnitts, wenn p den Abstand des Punktes M von der neutralen Faser des Profils und M_x das in diesem Querschnitt wirkende Biegemoment bedeutet:

$$\sigma = \frac{M_x \cdot p}{J}$$

Vervollständigt man nun in Abb. 13 die Spannungsfigur MNOPQ zu der Abb. M_1N_1OPQ, so daß sie auf der Stegseite bis zur äußersten Faser des Flanschquerschnitts reicht, zieht durch S die Parallele zu MN und durch deren Schnittpunkt S_1 mit ON_1 die Parallele zu M^1Q, so kann man sich die Spannungsfigur M_1N_1OPQ durch Übereinanderlagerung von $M_1M_2Q_2Q$ und

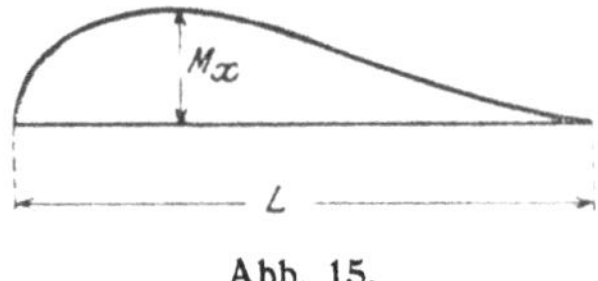

Abb. 15.

$M_2N_1S_1PQ_2$ entstanden denken. M_1M_2 wäre dann die über dem Querschnitt konstante Normalspannung, $M_2N_1S_1PQ_2$ die Einflußfläche der Spannungen aus dem gesuchten Biegemoment. Die Spannung σ im Punkte M zerfällt dadurch in zwei Teile, in die Normalspannung σ_n und die Biegungsspannung σ_b. Wählt man die in Abb. 13 angegebenen Bezeichnungen, so ist

$$\sigma_b = \sigma \cdot \frac{s-a}{y} \quad \ldots \ldots \ldots \ldots \ldots \quad (2$$

Bezeichnet man weiter das gesuchte Biegemoment mit M_F, den Neigungswinkel von MS zu einer der Hauptachsen des Querschnitts mit α mit J'_F und J''_F die Hauptträgheitsmomente des Flanschquerschnitts und schließlich mit f' und f'' die entsprechenden Abstände des Punktes M von den Hauptachsen, so gilt die Gleichung

$$\sigma_b = \frac{M_F \cdot \cos\alpha}{J'_F : f'} + \frac{M_F \cdot \sin\alpha}{J''_F : f''} \quad \ldots \ldots \ldots \ldots \quad (3$$

oder mit Gleichung 1 und 2

$$\sigma_b = \frac{\sigma\,(s-a)}{y} = \frac{M_x \cdot p}{J} \cdot \frac{s-a}{y} = \frac{M_F \cos\alpha}{J'_F : f'} + \frac{M_F \cdot \sin\alpha}{J''_F : f''} \quad \ldots \ldots \ldots \text{(4}$$

Daraus folgt:

$$\frac{M_x \cdot p}{J} \cdot \frac{s-a}{y} = M_F \left(\frac{\cos\alpha \cdot f'}{J'_F} + \frac{\sin\alpha \cdot f''}{J''_F} \right) \quad \ldots \ldots \ldots \text{(5}$$

In dieser Gleichung sind alle Größen außer M_x und M_F für alle Profilquerschnitte gleich, so daß man sie auch schreiben kann:

$$M_F = \varphi \cdot M_x \quad \ldots \ldots \ldots \ldots \ldots \ldots \text{(6}$$

In Worten drückt sich diese Beziehung in folgender Form aus:

Das über dem Flansch wirkend gedachte Biegemoment ist in jedem Profilquerschnitt dem über dem Steg wirkenden proportional.

Nimmt man an, daß für Flansch und Profil die Einspannungsverhältnisse gleich sind und berücksichtigt die ohnehin gleichen Längen, so folgt aus dem obigen Satz:

Die bei einer beliebigen Profilbelastung auftretenden Beanspruchungen der Flanschen kann man sich hervorgerufen denken durch eine Flanschbelastung, die der Profilbelastung in jedem Querschnitt proportional ist und deren Richtung in einer Ebene liegt, die mit dem Flanschquerschnitt die Schnittgerade MS bildet.

Wird z. B. das Profil unseres Beispiels bei freier Auflage auf zwei Endlagern durch eine Einzellast in der Mitte belastet, so ergeben sich die Flanschbeanspruchungen, wenn man den Flansch ebenfalls in der Mitte zwischen den Auflagern durch eine Kraft in der Richtung MS und einer in der folgenden Weise zu bestimmenden Größe belastet denkt. Nach Gleichung 5 ist

$$\frac{M_x \cdot p}{J} \cdot \frac{s-a}{y} = M_F \left(\frac{\cos\alpha \cdot f'}{J'_f} + \frac{\sin\alpha\; f''}{J''_f} \right)$$

Darin ist für das ⊏ 240 × 16 × 100 × 18 mit 60 mm breitem Flansch, wie sich aus den Skizzenblättern ergibt:

$$p = 10{,}5 \;\text{cm} \qquad\qquad a = 1{,}90\,\text{cm}$$

$$s = 2{,}82\,\text{cm} \qquad\qquad y = 3{,}54\,\text{cm}$$

$$\sin\alpha = \frac{1{,}5}{10} \qquad\qquad\qquad \cos\alpha = \frac{9{,}9}{10}$$

$$J'_F = 49{,}2 \;\text{cm}^4 \qquad\qquad J''_F = 10{,}35\,\text{cm}^4$$

$$f' = 1{,}0 \;\text{cm} \qquad\qquad f'' = 0{,}15\,\text{cm}$$

$$J = 3381{,}5 \;\text{cm}^4$$

Nimmt man nun an, das Profil sei bei 5 mm freitragender Länge und freier Auflage in der Mitte mit 3000 kg belastet, habe also ein Biegemoment

$$M = \frac{3000 \cdot 500}{4} = 375\,000 \text{ cmkg}$$

aufzunehmen, und setzt diesen Wert in die Gleichung 5 ein, so erhält man:

$$\frac{375\,000 \cdot 10,5}{3381,5} \cdot \frac{2,82-1,9}{3,54} = M_F \left(\frac{9,9 \cdot 1,0}{10 \cdot 4,92} + \frac{1,5 \cdot 0,15}{10 \cdot 10,35} \right)$$

$$M_F = 13\,150 \text{ cmkg.}$$

Daraus   mit $M_F = \dfrac{P_F \cdot 1}{4}$

$$P_F = \frac{13\,150 \cdot 4}{500} = 105 \text{ kg}$$

Aus der so bestimmten Größe der Kraft P lassen sich Schlüsse auf die Größe der Formänderungen ziehen, die der Flansch erleiden wird. Allerdings stößt man dabei auf die Schwierigkeit, die die freie Bewegung des Flansches dämpfende Wirkung des Steges berücksichtigen zu müssen; aber der Fehler, der durch die Unmöglichkeit, dies zu tun, in die Rechnung kommt, bestimmt eben den Grad der Genauigkeit dieser Rechnung. Er ist als stiller Vorbehalt bei den vorstehenden Rechnungen geführt worden. Nimmt man den Einfluß des Stegs als in der gewählten Flanschform genügend berücksichtigt an, so wirkt auf den Flanschquerschnitt in Richtung der großen Hauptachse, d. h. also annähernd parallel zu seiner Außenkante die Kraft $P_F \cdot \cos \alpha = 105 \cdot \dfrac{9,9}{10} = 104$ kg biegend. Daraus ergibt sich nach der Gleichung

$$f = \frac{P_I \cdot \cos \alpha}{E \cdot I'_F} \cdot \frac{1^3}{48}$$

$$f = \frac{104 \cdot 500^3}{2\,100\,000 \cdot 49,2 \cdot 48} = 2,65 \text{ an}$$

also ein ziemlich hoher Wert, der aber durchaus nicht der Erfahrung mit solchen Profilen widerspricht.

Die Vertikalkomponente der Kraft P ist $105 \cdot \dfrac{1,5}{10} = 15,75$ kg. Denkt man sich den Flansch vom Steg losgelöst, so würde er unter dem Einfluß dieser Kraft eine Durchbiegung annehmen von:

$$f = \frac{P_F \cdot \sin \alpha}{E \cdot J''_f} \cdot \frac{1^3}{48} = 1,84 \text{ cm.}$$

Auf der Stegseite ist der Flansch in seiner Bewegung durch den Steg gehindert: er wird hier also nicht die eben errechnete Durchbiegung erfahren, sondern sich in seinem Verhalten nach dem Steg richten. Auf der freien Seite dagegen wird er bis zu einem gewissen, rechnerisch nicht zu bestimmenden Maße durchfedern, d. h. also, daß die äußere Begrenzungslinie des Flanschquerschnitts keine Gerade bleibt, sondern je nach der Beanspruchung konkav oder konvex wird. Der Flansch wirft sich demnach erstens in der Ebene seiner Außenfläche, wobei er den Steg infolge seiner geringen Widerstandsfähigkeit mitnimmt, außerdem biegt er sich vom Stege ab oder nach dem Stege zu.

Die Vermutung liegt nahe, daß mit zunehmender Flanschbreite dieses Abbiegen die Hauptgefahr für die Widerstandsfähigkeit des Profils bildet. Das ist jedoch nicht der Fall, da die Sinuskomponente der Kraft P mit zunehmender Flanschbreite kleiner, für einen unendlich breiten Flansch gleich Null wird. Breite, dünne Flanschen sind ungefährlicher als kurze, dicke, erstens aus dem eben angegebenen Grunde und dann auch weil die seitlichen Formänderungen bei ihnen nicht die Höhe erreichen. So wirft sich z. B. das einseitig abgehobelte Differdinger Greyprofil 120 bei den gleichen Belastungsverhältnissen wie im obigen Bespiel nur 8 mm in der Ebene der Außenfläche gegenüber 2,65 cm des obigen Beispiels. Man muß dabei wohlverstanden den Unterschied machen zwischen der verminderten Tragfähigkeit innerhalb der normalen Spannungsgrenzen und der Gefahr der Zerstörung des Profils bei hohen Belastungen; diese ist bei Profilen mit kurzen dicken Flansch groß, besonders auch bei verhältnismäßig dünnen Stegen, jene größer bei breitflanschigen Trägern.

Es ist also auch nicht möglich, aus den vorstehenden Überlegungen eine Grenze für die Verbreiterung der Flanschen abzuleiten. Sie ergibt sich meines Erachtens vielmehr aus ähnlichen Überlegungen, wie sie im Abschnitt I dieser Arbeit über die Tragfähigkeit von Gurtungen angestellt worden sind, und zwar aus der Erwägung, daß bei übermäßig gesteigerter Flanschbreite die Gefahr der Wellenbildung im Gurt auftritt, so daß auf diese Weise das Verhältnis zwischen Flanschbreite und -dicke begrenzt ist.

Die eben rechnerisch abgeleitete Deformation des Flansches hätte sich selbstverständlich ebenso gut direkt aus der Beziehung zwischen den Spannungen und dem Krümmungsradius der elastischen Linie ableiten lassen; der hier gezeigte Umweg über ein gedachtes Biegemoment und seine erzeugende Kraft wurde gewählt, um den Gedankengang sinnfälliger zu machen und leichter von dem Sonderfall des betrachteten Beispiels auf andere Fälle

schließen zu können. Denn wenn die auf diese Weise abgeleiteten Formänderungen der Wirklichkeit entsprechen, so kann man aus der Richtigkeit
ihrer Ergebnisse den Schluß auf die Zulässigkeit der Ausgangshypothese
machen. Es seien darum im folgenden zunächst für einige unsymmetrische
Profile nach der obigen Methode die Formänderungen bei einer Belastung
angegeben.

Bei dem in Abb. 16 angegebenen ⊏-Eisen wirke die Belastung von
oben. Die Stegfasern stehen dann oben unter Druck, unten auf Zug, und an

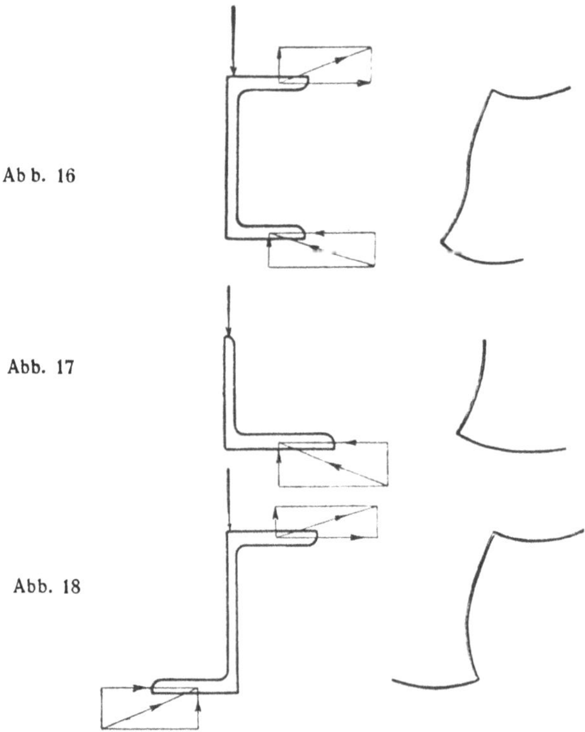

den freien Kanten der Flanschen herrscht die der zugehörigen Stegspannung
entgegengesetzte Beanspruchung. Daraus ergibt sich unter Berücksichtigung
des oben über die Richtung der gedachten Kraft P gesagten für den oberen
Flansch eine nach rechts oben, für den unteren eine nach links oben gerichtete Kraft. Zerlegt man die Kräfte in ihre Horizontal- und Vertikalkomponente, so sieht man, daß der obere Flansch sich infolge seiner eigen-
artigen Inspannungsetzung in seiner Ebene nach rechts, der untere in seiner
Ebene nach links durchbiegen muß. Gleichzeitig wird der obere Flansch
durch die Vertikalkomponente vom Steg ab, der untere an den Steg heran-

gebogen, so daß der Steg einen S-förmigen Querschnitt annimmt. Die sich auf diese Weise ergebende Formänderung tritt auch in Wirklichkeit ein, siehe Bach, Z. d. V. D. I. 1909, S. 1790, und Sonntag, Biegung, Schub und Scherung, S. 82. — Abb. 17 und 18 zeigen die auf gleiche Weise abgeleitete Formänderungen von Z- und Winkelstahlen.

Ebenso kann man für symmetrische Profile die Deformationen ableiten. Nimmt man z. B. das in Abb. 19 gezeichnete, von oben belastete I -Eisen, so kann man wieder, wie oben, für jeden einzelnen Flansch die gedachte Kraft P zeichnen. Da diese Kraft in allen Flanschen dieselbe absolute Größe hat, heben sich die horizontalen Komponenten gegenseitig auf, und als formändernde Kraft bleiben die Vertikalkomponenten, die notwendigerweise das unten gezeichnete Querschnittsbild erzeugen, das durchaus der Wirklichkeit entspricht.

Da das aus der Abbildung ersichtliche Zurückbleiben der Flanschen gegenüber dem Steg selbstverständlich auch eine Verminderung der Tragfähigkeit bedeutet, so muß man die oben aufgestellte Behauptung, daß symmetrische Profile vollwertig tragen, in gewissem Maße einschränken. Der Grad dieser Einschränkung wiird sich zuverlässig nur mit Hilfe von Versuchen bestimmen lassen. Es läßt sich nur auf Grund der oben für schmale und breite Flanschen von C-Eisen angestellten Überlegungen voraussehen, daß eine solche Minderwertigkeit bei I -Eisen mit kurzen, dicken Flanschen ausgeprägter als bei solchen mit schmalen, dünnen Flanschen sein wird.

Aus der Übereinstimmung zwischen den Folgerungen aus unseren Voraussetzungen und den wirklich auftretenden Formänderungen darf man bis zu einem gewissen Grade die Richtigkeit der obigen Hypothese über die Spannungsverteilung in Gurtungen, Flanschen oder ähnlichen seitlichen Querschnittsansätzen ableiten. Da dieser Beweis aber nicht gründlich genug erscheint, sollen im nächsten Kapitel die Ergebnisse der Bachschen Versuche mit den Resultaten der nach der neuen Theorie mit solchen Profilen vorgenommenen Rechnungen verglichen werden. Ihr Vergleich wird die beim heutigen Stande der Versuche an Profilen denkbar beste Prüfung der Richtigkeit unserer Hypothese sein.

Vergleich der Bachschen Versuchsergebnisse mit den Rechnungen.

Wie schon erwähnt wurde, hat Bach zwei Versuchsreihen durchgeführt. Die erste unternahm er für den Verein Deutscher Ingenieure. Sie bezieht sich auf die Widerstandsfähigkeit von Profilen mit I- und C-förmigem Querschnitt, und ihre Ergebnisse sind sehr übersichtlich in der Z. d. V. D. I. 1910, S. 382, veröffentlicht. Die zweite Reihe führte Bach auf Veranlassung des Germanischen Lloyds und des Vereins Deutscher Seeschiffswerften aus. Es sind Versuche über die Tragfähigkeit von C- und E-Profilen. Da ihre Ergebnisse nicht allgemein bekannt sind, folgt weiter unten zusammen mit denen der ersten Reihe, die der Übersichtlichkeit wegen hier aufgeführt wurden, ihre Zusammenstellung.

Bachs Versuchsanordnung war folgende: In einer stehenden Prüfungsmaschine lagerte er die zu untersuchenden Profile auf Rollen, und zwar bei den ersten Versuchen die I-Stähle mit 2600 mm, die C-Profile mit 3000 mm Entfernung, bei der zweiten Reihe die Träger mit 2600 mm Auflagerabstand. Die letzteren belastete er ebenso wie die I-Eisen in der Mitte mit einer

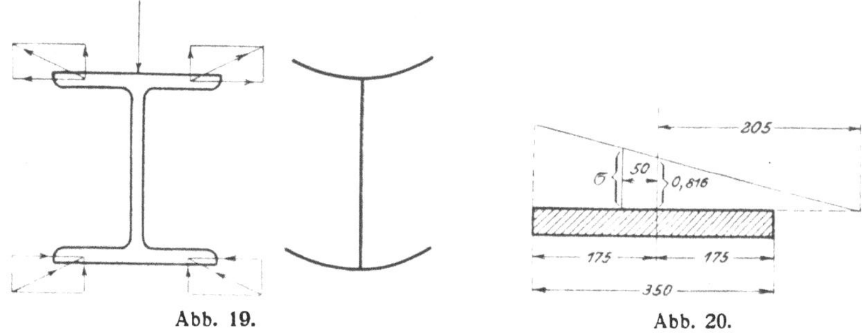

Abb. 19.   Abb. 20.

Einzellast, dagegen die C-Stähle der ersten Versuchsreihe mit zwei vom Auflager gleich weit entfernten Einzellasten, so daß er in der Mitte zwischen den Lasten einen Trägerteil mit konstantem Biegemoment, also ohne Schubspannungen erhielt. Die Durchbiegung der Träger wurde aus der Bewegung der Stegmitte des Querschnitts in der Trägermitte gegen die entsprechenden Punkte über den Auflagern bestimmt. Die Lastübertragung auf das Profil erfolgte durch einen mit der Maschine starr verbundenen Stempel, und zwar griff die Last abwechselnd in der Ebene der Hauptachse des Profilquerschnitts und in der Mitte über dem Steg an.

Bei den Versuchen der zweiten Reihe wurden außerdem die Flanschen der C-Stähle an den Auflagern und neben dem Laststempel durch vertikale Rundeisenführungen gestützt, die bei den mit Platten vernieteten Profilen durch entsprechende Bohrungen der Platten gingen.

Wenn man die oben dargestellte Theorie über die Beanspruchungen von Profilflanschen als richtig ansieht, oder wenn man auch nur an die allgemein bekannte Verwerfung der ⊏-Profilflanschen denkt, so muß man gegen diese Versuchsanordnung Bedenken erheben. Beim Anziehen des Laststempels entsteht zwischen dem starren Stempel und dem daran liegenden Profilflansch ein Reibungswiderstand, welcher diesen Flansch an seitlichen Bewegungen hindert. Der Flansch kann also nicht die Form annehmen, die sich aus den in ihm herrschenden Spannungen ergibt, wenn er frei ist. Daraus folgt wieder, daß er infolge dieser Behinderung in der elastischen Formänderung auch eine andere Spannungsverteilung aufweisen wird als der freie Flansch, und zwar wird die Wirkung der seitlichen Stützung stets die sein, daß die Flanschfasern in erhöhtem Maß die Dehnung bzw. Verkürzung der Stegfasern mitmachen müssen, so daß mit anderen Worten ein solches seitlich gestütztes Profil besser tragen wird als ein freistehendes. Versuche in dieser Art müssen also stets zu günstige Ergebnisse haben.

Rechnerisch ist dieser Umstand gar nicht zu fassen, denn der Grad der Behinderung wird in den einzelnen Fällen ganz verschieden sein. Man kann daher leider auch nicht erwarten, daß Versuch und Rechnung zahlenmäßig dasselbe Ergebnis haben, sondern wird sich zufrieden geben müssen, wenn es gelingt, im wesentlichen der Erscheinungen auf beiden Wegen zu derselben Deutung zu kommen.

Ähnlich wie durch den Laststempel bei den Versuchen wird natürlich der mit einer Platte vernietete Flansch eines Versteifungsprofiles durch die Platte am seitlichen Ausweichen gehindert, nur mit dem Unterschiede, daß hier stets die Verhinderung der Formänderung eine vollkommene ist. Biegt man ein solches System, so müssen alle Flanschfasern des vernieteten Flansches dieselbe Längenänderung wie die Stegfasern erfahren, denn jede andere Annahme führt zu dem Schluß, daß der Flansch sich in seiner Ebene wirft. Bei der Berechnung eines solchen Systems muß man demnach den vernieteten Flansch voll rechnen.

Dieser Umstand war ebenso wie der folgende bei der Berechnung des Trägheitsmomentes der Konstruktionen aus Profilen und Platten in der zweiten Bachschen Versuchsreihe zu berücksichtigen. Platte und Profil wurden bei den untersuchten Trägern so vernietet, daß der Steg des Profils über der Plattenmitte stand, also das Niet 50 mm exzentrisch in der 350 mm breiten Platte saß. Diese Lage der Nietreihe hat eine Minderwertigkeit der Platte zur Folge, wie sich aus der folgenden Überlegung ergibt.

Würde keine Nietung zwischen Profil und Platte vorhanden sein, so würde die Platte bei einer Durchbiegung des Systems um f cm nur die Biegungsspannungen aufnehmen, die sie haben würde, wenn sie allein um f cm durchgebogen würde, auf der einen Seite würde Druck, auf der anderen Seite Zug herrschen; im Vergleich mit dem ebenfalls um f cm durchgebogenen Profil würden diese Spannungen aber sehr klein sein. Das ändert sich mit dem Einsetzen der Nieten vollkommen. Durch die Nietreihe wird die Platte gezwungen, die Längenänderung der an sie stoßenden Stegkante mitzumachen, aber selbstverständlich nur in dem Maße, wie es der Nietung gelingt, der Platte diese Spannungen mitzuteilen. Sitzt die Nietreihe in der Mitte der Platte, so ist die Platte ein Stab, der durch die Schubkraft in der Nietreihe als mit einer zentrisch angreifenden Normalkraft belastet ist, wenn man die Plattendicke vernachlässigt. Hat man dagegen, wie bei den von Bach untersuchten Trägern eine Platte von begrenzter Breite als Profilgurtung und ist die Nietung dabei aus der Plattenmitte herausgedrückt, so ist die Platte ein exzentrisch belasteter Stab und es gelten für sie dieselben Gesetze, wie sie oben für unsymmetrische Flanschen abgeleitet wurden.

Für die Bachschen Träger ist der Grad der sich daraus ergebenden Minderwertigkeit leicht zu berechnen. Abb. 20 stellt schematisch die Platte dar. Diese ist 350 mm breit und die Nieten sitzen in ihr 50 mm aus der Mitte. In diesem Abstand von der Mitte herrscht also die Spannung σ der äußersten Profilfasern, und man kann nach der oben abgeleiteten Form daraus die Spannungsverteilung über den Plattenquerschnitt konstruieren. Da der Querschnitt rechteckig ist, vereinfacht sich die Konstruktion der Nullfaser durch die Beziehung, daß der auf der großen Achse des Querschnitts liegende Trägheitsradius mittlere Proportionale zwischen der Exzentrizität des Kraftangriffs und dem Abstand der zugehörigen Nullfaser ist. Der Trägheitsradius auf der großen Achse ist gleich $0{,}289 \cdot 35$ cm, der gesuchte Abstand der Nullfaser von der Mitte mithin gleich $(0{,}289 \cdot 35)^2 : 5 = 20{,}5$ cm. Daraus ergibt sich die in die Skizze eingetragene Spannungsverteilung, oder eine mittlere Spannung, die gleich 0,81 der in der Nietreihe herrschenden ist. Will man also das Trägheitsmoment des Systems nach dem Geradliniengesetz berechnen, so darf man die Platte nur mit 81 % des Querschnitts in die Rechnung einführen.

Mit Berücksichtigung dieser Umstände mögen nun im folgenden die einzelnen Versuche besprochen werden.

Bachs Versuche an breitflanschigen Greyträgern.

Bach wählte von den symmetrischen Profilen als Versuchsobjekt den breitflanschen Greyträger, weil bei ihm eine nur aus der Breitenausdehnung der Flanschen sich ergebende verminderte Tragfähigkeit, wie z. B. Sonntag sie noch annimmt, wegen der großen Breite der Flanschen am stärksten ausgeprägt sein müßte. Die Versuche ergeben jedoch, daß innerhalb der Elastizitätsgrenze eine solche Minderwertigkeit nicht vorhanden ist, so daß Bach zu dem Schlusse kommt, daß für die Berechnung solcher Träger das Gradliniengesetz gültig ist. Dieses Versuchsergebnis entspricht durchaus den auf S. 21 bzw. 30 angestellten Überlegungen, deren Richtigkeit also durch den Versuch vollkommen bestätigt wird.

Bachs Versuche an Wulstwinkeln.

Siehe Tabelle 4 der reduzierten Trägheitsmomente und Tabelle A_3 der Ergebnisse der Bachschen Versuche.

Unter den Wulstwinkeln wählte Bach das C-Eisen $240 \times 100 \times 16{,}5$ als Versuchsprofil, und zwar untersuchte er es allein und in Verbindung mit einer Platte von den Abmessungen 350×20 mm. Der Versuch mit dem Wulstwinkel allein ergab ein wirklich vorhandenes Trägheitsmoment, das gleich 90% des tabellarischen war, für das System mit Platte erhielt Bach bei $20{,}2$ mm Plattendicke $0{,}93$, bei $20{,}4$ mm Plattendicke $0{,}95$ als Verhältnis dieser Werte. Das Ergebnis des Versuchs mit dem Träger aus Profil und Platte hat große Verwirrung angerichtet, weil man die Ursache der Minderwertigkeit im Wulst suchte und dann keine Erklärung für die verringerte Tragfähigkeit fand, denn selbst wenn man den Wulstwinkel mit dem aus dem ersten Versuch gewonnenen Verhältniswert von $0{,}90$ für das Profil allein in die Rechnung einführt, ergibt sich für den Träger ein Gütegrad von $0{,}99$, also bei weitem nicht die Herabsetzung der Tragfähigkeit, wie sie aus dem Versuch hervorging. Die einzige Erklärung für die Minderwertigkeit des Systems aus Profil und Platte ist die Exzentrizität der Nietung. In der Tat ist es auch sehr unwahrscheinlich, daß der Bulb bei seiner kleinen Unsymmetrie die Tragfähigkeit des Profils in dem versuchsgemäß festgestellten Maße herabsetzen sollte, denn auch die Minderwertigkeit des alleinstehenden Profils läßt sich vollkommen aus der reduzierten Tragfähigkeit des Winkelflansches erklären.

Die im Anhang beigefügten Rechnungen ergeben nämlich für das Profil allein bei vollwertigem Wulst und reduziertem Flansch ein Verhältnis der Trägheitsmomente von 0,85 gegenüber einem Versuchswert von 0,90, mit Rücksicht auf die stützende Wirkung des Laststempels also ein ganz befriedigendes Resultat. Die Berechnung der Träger aus Profil und Platte ergibt bei der 20,4 mm dicken Platte einen Verhältniswert von 0,95, bei der 20,2 mm dicken Platte 0,945. Hier ist die Übereinstimmung mit den entsprechenden Versuchswerten von 0,95 bzw. 0,93 sogar eine sehr gute, so daß wir aus ihr die Bestätigung unserer Annahme über den Einfluß der schiefen Nietung ableiten dürfen. Jedenfalls zeigen die Rechnungen, daß es nicht nötig ist, zur Erklärung der Versuche eine Minderwertigkeit des Wulstes anzunehmen; man darf sogar, ohne unvorsichtig zu sein, die Behauptung aufstellen, daß der mit einer Platte vernietete Bulb eine durchaus vollwertige Versteifung ist und daher mit vollem Recht die Bevorzugung verdient, die der Schiffbauer ihm zuteil werden läßt.

Bachs Versuche an C-Profilen.

Siehe Tabelle 1—3 der reduzierten Trägheitsmomente, Tabellen A_1, A_2 und B der Ergebnisse der Bachschen Versuche sowie die Abbildungen 34—37.

Bach hat zwei Gruppen von C-Profilen untersucht, einmal die drei Normal-C-stahle 120, 220 und 300 und außerdem die Schiffbaustahle C $240 \times 13 \times 100 \times 18$ und $240 \times 16 \times 100 \times 18$, und zwar die letzteren wieder alleinstehend und mit Platten vernietet. Mit den Normaleisen zusammen bog er dann noch einen Greyträger 240, dessen Flanschen auf einer Seite abgehobelt waren, so daß er C-Form bekam. Alle diese Profile untersuchte er mit normalbreiten Flanschen, dann aber auch bei geringeren, durch Abhobeln hergestellten Flanschbreiten, wobei an den mit Platten vernieteten Profilen nur der freie Flansch behobelt war.

Für alle dabei vorkommenden Fälle wurde die Konstruktion des reduzierten Flansches vorgenommen und danach das reduzierte Trägheitsmoment berechnet und die Ergebnisse dann für die einzelnen Profile in den anliegenden Skizzen den Versuchswerten gegenübergestellt. Man sieht aus diesen Zusammenstellungen, daß eine zahlenmäßige Übereinstimmung nicht vorhanden ist, die aber wegen der Fehlerquellen des Versuchs auch nicht erwartet werden darf. Der Hauptunterschied zwischen Versuch und Rechnung liegt darin, daß die Rechnung für die normalbreiten Profile ein annähernd konstantes Verhältnis zwischen dem wirklich vorhandenen und dem tabellarischen Trägheitsmoment von etwa 0,65 ergibt, während nach Bach dieser Wert von 0,74 beim ⊏ 300 auf 0,93 beim ⊏ 120 steigt. Mir erscheint das letztere aus folgenden Gründen nicht sehr wahrscheinlich:

Die niedrigen Profile haben verhältnismäßig breitere Flanschen als die hohen. Da nun, wie doch die Versuche es selbst zeigen, die Minderwertigkeit des Profils mit zunehmender Flanschbreite sinkt, müßte man eigentlich bei kleineren Profilen einen schlechteren Gütegrad erwarten als bei großen, wenn nicht der bei den niedrigeren Profilen verhältnismäßig dickere Steg diesen Nachteil wieder ausgliche. Jedenfalls ist kein Grund zu sehen, warum die Widerstandsfähigkeit in dem Maße wachsen sollte, wie der Versuch ergab. Das rechnerische Resultat ist von diesem Standpunkt aus mit seinem ungefähr gleichbleibenden Wert viel wahrscheinlicher. Zu demselben Schluß führt folgende Überlegung. Für geometrisch ähnliche Profile müßte der Verhältniswert $J_w : J_f$ gleich sein, da er den Einfluß der absoluten Werte ausschaltet. Vergleicht man nun z. B. das Normal-⊏-Eisen $120 \times 7 \times 55 \times 9$ mit dem Schiffbauprofil ⊏ $240 \times 13 \times 100 \times 18$, so verhalten sich diese Profile in ihren Abmessungen etwa wie 1 : 2, nur hat das ⊏ 120 verhältnismäßig breitere Flanschen, müßte also schlechter sein als das ⊏ 240. Nach dem Versuchsergebnis hat aber das ⊏ 120 einen Gütegrad von 0,93 und das ⊏ 240 einen solchen von 0,84, was nach dem eben Gesagten etwas zweifelhaft erscheint. Nach meiner Ansicht erklären sich die Versuchsergebnisse dadurch, daß die stützende Wirkung des Laststempels bei den verhältnismäßig im Steg dickeren niedrigen Profilen sich mehr fühlbar macht als bei den hohen, dünnstegigen, und daß deswegen die höhere Widerstandsfähigkeit der ersteren nur scheinbar ist. Wenn man, wie Bach selbst es tut, und wie es nach den Versuchen gerechtfertigt erscheint, von der Annahme ausgeht, daß die Ursache für die Minderwertigkeit der Profile in einer ungleichmäßigen Spannungsverteilung über die Flanschen liegt, so muß man das rechnerische Ergebnis für richtiger halten als das Versuchsresultat.

Es wäre in hohem Grade wünschenswert, daß neue Versuche, bei denen eine seitliche Stützung der Flanschen vermieden würde, endgültig Licht in die Frage brächten. Daß ich im übrigen mit meiner Anschauung über die Fehlerquellen der von Bach angestellten Versuche nicht allein stehe, beweist ein Aufsatz des Professors S c h ü l e (Zürich) über Biegungsversuche mit gewalzten Trägern in der Schweiz. Bauzeitung, Band XLIII Nr. 21 und 22, in dem Schüle genau dieselben Bedenken ausspricht, wie ich sie oben äußerte;

wobei ich gleich hinzufügen möchte, daß ich seine Versuchsanordnung mit Gelenkstempeln für mindestens ebenso bedenklich halte.

Immerhin zeigen Versuch und Rechnung der Ergebnisse im wesentlichen eine bemerkenswerte Übereinstimmung, und man kann aus ihnen beiden einwandfrei folgende Sätze ableiten:

1. Mit zunehmender Breite der Flanschen sinkt das Verhältnis zwischen wirklich vorhandenem und tabellarischem Trägheitsmoment.

2. Bei alleinstehenden Profilen erreicht der Wert Widerstandsmoment durch Fläche bei einer bestimmten Flanschbreite ein Maximum. Diese günstigste Breite ist abhängig von dem Verhältnisse der Stegdicke, Flanschbreite und Flanschdicke zueinander.

Den Schiffbau interessiert weniger das freistehende, als das mit der Platte verbundene Profil. Für solche Systeme zeigen Blatt 84 und 85 allerdings übereinstimmend in Rechnung und Versuch ein Abnehmen des Verhältniswertes der Trägheitsmomente mit zunehmender Flanschbreite, leider läßt sich aber der zweite obige Satz nicht auch für diesen Fall aufstellen, weil man kein Mittel hat, aus den Versuchen Schlüsse auf das Widerstandsmoment der Konstruktion zu ziehen; denn da bei ihnen keine Spannungsmessungen vorgenommen wurden, hat man keinen Anhalt für die Lage der neutralen Faser bei den Versuchsträgern. Das ist im Interesse der praktischen Auswertung der Versuche sehr zu bedauern, weil das Widerstandsmoment für den Schiffbau viel häufiger maßgebend ist als das Trägheitsmoment.

Streng genommen stellen auch die in den Abb. 34—37 angegebenen W : f - Kurven nicht das Verhältnis zwischen Widerstandsmoment und Fläche dar. Bach bestimmte diese Werte, indem er aus dem Trägheitsmoment das Widerstandsmoment durch Division mit der halben Profilhöhe errechnete. Das ist richtig, so lange der Profilquerschnitt symmetrisch zu seiner neutralen Faser ist. Da Bach aber durch Spannungsmessungen sehr bedeutende Spannungsunterschiede zwischen der oberen und unteren Stegkante feststellte, die wohl auf den Einfluß des Laststempels zu schieben sind, ist seine Methode, das Widerstandsmoment zu berechnen, nicht ganz einwandfrei. Ich habe aber der Einfachheit halber seine Darstellung beibehalten, denn wenn man den Ausdruck W : f nicht als richtig an dieser Stelle ansieht, kann man die Kurven immer noch als eine Darstellung der durch die halbe Profilhöhe dividierten Werte des Verhältnisses zwischen Trägheitsmoment und Platte ansehen.

Trotzdem also der Vergleich mit den Versuchswerten fehlt, sind in den Abb. 34—37 die errechneten W : f - Werte für die aus Platten und Profilen zusammengenieteten Träger aufgetragen und überraschenderweise zeigen ihre Kurven, daß die Materialausnutzung, für die der Wert W : f als Maßstab gelten kann, bei allen Flanschbreiten annähernd gleich groß ist. Der zahlenmäßige Wert des Trägheitsmomentes ist natürlich bei dem ⊏-Stahl mit breitem Flansch höher, der Gütegrad der Konstruktion jedoch nicht, wie man es eigentlich nach den Ausführungen über den Einfluß starker Profilgurtungen erwarten konnte. Die günstige Wirkung des breiten Flansches wird eben durch den Einfluß der Unsymmetrie wieder ausgeglichen. Mit der Vorsicht also, die den rechnerischen Werten gegenüber so lange geboten erscheint, wie sie durch einwandfreie Versuche noch nicht bestätigt wurden, darf man auch vom Gesichtspunkt der Materialausnutzung aus behaupten, daß das Wulstprofil ein ausgezeichnetes Versteifungsmittel ist; denn da das ⊏ 240 mit 40 mm breitem Flansch nahezu ein Wulstwinkel ist, wird bei einem mit einer Platte vernieteten Wulstwinkel der Gütegrad der Konstruktion fast genau derselbe sein, wie bei einem normalbreiten ⊏-Eisen.

Rechnung und Versuch lassen also das ⊏-Profil in sehr ungünstigem Licht erscheinen, und sinngemäß gilt natürlich diese Erkenntnis für andere unsymmetrische Profile wie Z-Eisen u. dergl. Alle nutzen das Material nicht in der bisher angenommenen Weise aus, und man läuft stets bei ihnen die Gefahr, daß bei höheren Beanspruchungen die Verwerfung der einseitigen Gurtungen so stark wird, daß sie die Widerstandsfähigkeit des Profils überhaupt in Frage stellt. Wo sich unsymmetrische Profile nicht vermeiden lassen, ist diese Gefahr sehr zu berücksichtigen, und vor allem von vornherein die verminderte Tragfähigkeit der Profile in die Rechnung einzuführen. Wie Bach andeutet, wird man die Profiltabellen demgemäß auch umgestalten müssen, und bei der Berechnung von Plattenversteifungen wird man in anderer Weise als der bisher üblichen vorgehen.

Da bis jetzt Rechnung und Versuch zahlenmäßig nicht denselben Grad der Minderwertigkeit ergaben, und die Wahrscheinlichkeit sehr groß ist, daß die Schuld daran den Versuchen zugeschrieben werden muß, wäre es im höchsten Grade wünschenswert, wenn die an der Profilfrage interessierten Körperschaften sich noch einmal entschließen könnten, die Mittel für die Profiluntersuchungen aufzubringen, bei deren Durchführung die in dieser Schrift gegebenen Anregungen befolgt würden.

Immerhin darf man zusammenfassend behaupten, daß die anfangs aufgestellte Theorie über die Inspannungsetzung von Trägern mit seitlichen Querschnittsansätzen mühelos alle Spannungszustände und Formänderungen in Profilen erklärt und an keiner Stelle Resultate ergibt, die in Widerspruch zu den Versuchen stehen. Sie erscheint von allen bis jetzt bekannten Theorien über solche Profile am geeignetsten, ihre Tragfähigkeit zu beurteilen. Darum sollen im folgenden an ihrer Hand einige gebaute Versteifungssysteme besprochen werden, die im Schiffbau neben den einfachen Profilaussteifungen üblich sind.

**Anwendung der neuen Theorie
auf Gurtplatten- und Gegenwinkelkonstruktionen.**

Es wird genügen, hier folgende im Schiffbau am häufigsten vorkommende Versteifungssysteme zu besprechen:

1. C-Profil mit Gurtplatte,
2. C-Profil mit Gegenwinkel,
3.   -Profil mit Gegenwinkel und Gurtplatte,
4. C-Profil mit Gegenwinkel.

Alle anderen Fälle sind leicht daraus abzuleiten.

1. Das C-Profil mit Gurtplatte. — Wegen dieser Versteifungsart brauche ich nur auf das oben bei der Besprechung der Versuche Gesagte hinzuweisen. Dort war auf Seite 33 darauf hingewiesen, daß die Wirkung der Gurtplatte von der Lage der Nietreihe zwischen Profil und Platte in bezug auf die Mitte der Gurtung abhängig ist. Eine Wiederholung des Beweises erscheint hier überflüssig. Als Ergebnis der oben angestellten Überlegung muß man jedoch die Forderung erheben, daß die Nietung der Gurtplatte, wenn diese voll tragen soll, in der Mitte der Platte sitzen muß. Wenn die Gurtplatte außerdem, wie es fast immer der Fall sein wird, kräftig genug ist, seitliche Deformationen des Flansches zu verhindern, so ist die Konstruktion durchaus vollwertig.

2. Das C-Profil mit Gegenwinkel. — Eine sehr ähnliche Überlegung, wie sie oben für Gurtplatten aufgestellt wurde, gilt auch natürlich für den Gegenwinkel. Die Inspannungsetzung des Gegenwinkels erfolgt von der Nietreihe, also etwa von der Mitte des genieteten Schenkels aus. Der Gegenwinkel ist demnach wieder ein exzentrisch belasteter Stab, für den man in der schon bekannten Weise für den Kraftangriff in der Mitte des Schenkels die Spannungsverteilung über den Querschnitt und daraus eine reduzierte

Querschnittsfläche konstruieren kann. Den daraus sich ergebenden Wert darf man aber noch nicht ohne weiteres in die Rechnung einführen, sondern muß ihn für die Bestimmung des Trägheitsmomentes noch im Verhältnis des Abstandes des Kraftangriffs von der neutralen Faser zu dem der äußersten Faser davon reduzieren. Die dabei auftretende Schwierigkeit, daß die Lage der neutralen Faser unbekannt ist, muß man durch eine Annäherung umgehen. Auf diese Weise kann man das bei einer solchen Konstruktion wirklich vorhandene Trägheits- und Widerstandsmoment errechnen. Natürlich kann der so bestimmte Wert nur eine Annäherung darstellen. Führt man die Rechnung z. B. für ein ⊏ 220 × 9 × 80 × 12,5 mit Gegenwinkel 75 × 75 × 9 an einem 10 mm starken Schott durch, so ergibt sich, daß das wirklich vorhandene Trägheitsmoment nur 72 % des bisher angenommenen beträgt. Man muß aber annehmen, daß dieser Grad von Minderwertigkeit in Wirklichkeit nicht erreicht wird, denn es ist folgendes zu beachten:

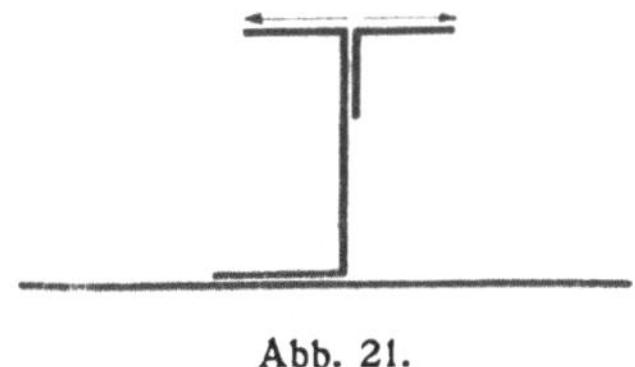

Abb. 21.

Man nehme an, die in der nebenstehenden Skizze gezeichnete Versteifung sei so belastet, daß auf der Plattenseite Zug, auf der Profilseite Druck herrscht, so daß in dem ganzen System die in der Skizze angegebene Spannungsverteilung herrscht. Daraus ergibt sich, daß der freie ⊏-Flansch sich in seiner Ebene nach links, der Winkelflansch ebenso nach rechts werfen will. In dieser Deformation hindern sich beide gegenseitig. Eine entsprechende Betrachtung gilt auch für den entgegengesetzten Belastungsfall, natürlich mit dem Unterschied, daß Profil und Winkel sich dann wegen des entgegengesetzten Vorzeichens der Spannungen aufeinander pressen. Der Erfolg wird jedenfalls in beiden Fällen sein, daß die freien Flanschen infolge der behinderten Formänderung mehr tragen, als in der obigen Rechnung angenommen wird. Die genaue rechnerische Verfolgung des Vorgangs erscheint ziemlich aussichtslos und wenig zweckmäßig; Versuche mit solchen Trägern würden besseren Aufschluß über ihre Widerstandsfähigkeit geben können. Man kann jedoch mit ziemlicher Sicherheit behaupten, daß die Konstruktion als vollwertig angesehen werden darf und ein gutes Versteifungsmittel darstellt. Ähnliche Überlegungen gelten natürlich für den Fall, daß die Versteifungen aus zwei Rücken an Rücken genieteten ⌶-Stahlen besteht.

3. Das ⌶-Profil mit Gegenwinkel und Gurtplatte. — Nietet man auf eine solche unter 2. besprochene Konstruktion noch eine Gurtplatte, und zwar so, daß sie sowohl mit dem Profil wie mit dem Winkel vernietet wird, so darf man von einer solchen Konstruktion nach dem unter 2. Gesagten Vollwertigkeit annehmen, denn durch die Gurtplatte wird jede aus dem Überwiegenden des Winkels oder ⌶-Stahls bei dem Träger 2 etwa noch herrührende seitliche Verwerfung ziemlich sicher verhindert und dadurch der Verlauf der Spannungen in dem Träger nach dem Geradliniengesetz sichergestellt.

4. Das ⌶-Profil mit Gegenwinkel. — Die unter 2. angestellten Überlegungen gelten sinngemäß für diesen Fall. Da aber wegen des Fehlens des Flansches am Wulstwinkel die stützende Wirkung für den Gegenwinkel fehlt, wird die Tragfähigkeit des Systems einem ⌶- oder Z-Eisen ähneln, so daß seine Verwendung wenig empfehlenswert ist.

Mit Ausnahme der Verbindung zwischen Wulstwinkel und Gegenwinkel erscheinen diese Trägersysteme also durchaus brauchbar. Da sie wegen der kräftigen Außengurtung auch in bezug auf Materialausnutzung sehr vorteilhaft sind, kann man ihre Verwendung nur empfehlen.

Zusammenfassung.

Stellt man die Ergebnisse der vorstehenden Kapitel zusammen, so hat man folgendes: Der erste Abschnitt führte zu der Forderung, daß man bei der Berechnung der Tragfähigkeit einer Plattenversteifung stets den Einfluß der Platte auf die Widerstandsfähigkeit des Profils berücksichtigen müsse. Der zweite Teil führte dann zu der Erkenntnis, daß unsymmetrische Profile in ihrer Tragfähigkeit als minderwertig anzusehen sind, weil unsymmetrische Gurtungen bei weitem nicht soviel tragen, wie sich bei Zugrundelegung der Bernoullischen Annahme für sie ergeben würde.

Daraus ergab sich im ersten Teil im Interesse der Materialausnutzung für Versteifungen an Platten die Forderung möglichst starker Außengurtungen und der zweite Teil verwarf folgegemäß unsymmetrische Profile als unwirtschaftlich und unzuverlässig. Dieses Ergebnis des zweiten Teils wird auch durch die Folgerungen aus dem ersten Teil nicht beeinflußt, da man z. B. an einem ⌶-Stahl den freien Flansch dicker ausführen könnte, um damit nach Teil 1 den Gütegrad der Konstruktion heraufzusetzen, damit aber nach den Ausführungen auf S. 28 nichts erreichen würde. Im Gegenteil wird man stets die Gefahr des Zusammenbruchs des ganzen Systems damit vergrößern, weil die stützende Wirkung des Stegs verhältnismäßig geringer wird, je stärker die Unsymmetrie des Profiles ist.

Vergleicht man nun die Verhältnisse im Schiffbau mit dem Ergebnis der vorstehenden Überlegungen, so sehen wir die Vorliebe für den Wulstwinkel und die Abneigung gegen die ⌐-Profile ausgezeichnet gerechtfertigt, und die Forderung erscheint erlaubt, daß diese Tendenz des Ersatzes der ⌐-Stahle durch Wulsteisen zum Grundsatz erhoben wird.

Dem kann man entgegenhalten, daß es in Fällen, wo geringes absolutes Gewicht und schärfste Raumausnutzung Bedingung sind, also z. B. im Kriegsschiffbau, nicht vorteilhaft ist, Wulstwinkel zu verwenden. Dieses Profil entspricht der Forderung einer möglichst starken Außengurtung schlecht, denn man wird den Bulb immer nur so stark ausführen, daß er ein Flattern der freien Kante hindert. Das Wulstprofil kann daher noch nicht als das Ideal einer Schiffbauversteifung gelten, so daß die Erwägung sehr nahe liegt, nach einer Profilform zu suchen, die den beiden oben aufgestellten Grundsätzen gerecht wird. Eine Möglichkeit, zu einer solchen Form zu gelangen, die in der Praxis von der größten Wichtigkeit zu werden verspricht, soll der letzte Teil dieser Arbeit zeigen.

C. Die weitere Ausgestaltung der Schiffbauversteifungsprofile.

Die eben aus den vorhergehenden Absätzen gezogenen Folgerungen geben natürlich auch die Leitsätze für die weitere Ausgestaltung der Schiffbauversteifungsprofile ab. Aus der Verbindung der beiden Grundsätze ergibt sich für den Schiffbau als extremste Forderung das Verlangen, nur symmetrische Profile mit starken Außengurtungen zu verwenden.

An symmetrischen Profilen weisen nun die heutigen Profiltabellen die Normal- I-Eisen, die Differdinger Greyträger und schließlich die T-Eisen auf, die jedoch alle drei im Schiffbau nicht mit Vorteil zu verwenden sind. Die dem Hochbau entstammenden ersten beiden Profile sind in ihrer Form für die Vernietung mit Platten sehr ungünstig. Die Flanschen der Normal- I-Eisen sind zu schmal zum Einziehen von Nieten, die der Differdinger Greyträger viel zu breit und darum im Schiffbau zwecklos schwer; auch sind bei ihnen die breiten Flanschen für die sachgemäße Ausführung des innenliegenden Nietkopfes sehr ungünstig. Demgegenüber sind zwar die

Flanschen des $\top$-Profils, da es ein Schiffbaueisen ist, für die Nietdurchmesser richtig dimensioniert, man weiß jedoch nie recht, was man mit dem Doppelflansch anfangen soll, weil er für die sachgemäße Verbindung zwischen Profil und Platte vollständig überflüssig ist. Für derartige Vernietungen genügt im Schiffbau nämlich fast durchweg eine Nietreihe. Die Schubspannungen nehmen an dieser Stelle nur bei ungewöhnlich starken Außengurtungen und in den seltenen Fällen sehr kurzer, eingespannter Versteifungen solche Größe an, daß man zweireihig nieten muß.

Die drei oben erwähnten Profile werden also niemals für den Schiffbau Bedeutung erlangen.

Die eben aufgestellte Überlegung über die Ansprüche an die Vernietung zwischen Profil und Platte grenzt aber die Form der vorteilhaften Profile noch weiter ein. Aus ihrer Verbindung mit den oben aufgestellten Grundsätzen ergibt sich, daß das für die Materialausnutzung günstigste Schiffbauprofil $\top$-Form (siehe Skizze S. 64) hat. Die Vorteile und die Art der Anwendung solcher Profile sollen kurz im folgenden besprochen werden.

Die äußere Form des neuen Profils ist, kurz beschrieben, folgende: Die eine Seite des Stegs trägt einen zur Vernietung bestimmten einseitigen Flansch, für dessen Abmessungen dementsprechend allein die für das betreffende Profil erforderliche Nietung maßgebend ist. Die andere Stegseite hat einen starken, zweiseitigen, symmetrischen Gurt. Das Profil, ohne Platte gesehen, ist allerdings unsymmetrisch zum Steg, aber nach dem, was oben bei der Besprechung der Versuchsergebnisse gesagt wurde, sieht man, daß diese Unsymmetrie sofort nach der Vernietung mit der Platte verschwinden muß.

Die Überlegenheit der neuen Form beruht natürlich, wie es schon angedeutet wurde, darauf, daß die Materialanhäufung auf der freien Stegseite die ungünstige Verschiebung der neutralen Faser des Versteifungssystems nach der Plattenseite hin hindert. Da man in den Abmessungen des Gurts ziemlich unbeschränkt ist, kann man dadurch erreichen, daß man gleiche Trägheits- und Widerstandsmomente bei der neuen Form mit leichteren und niedrigeren Profilen als bei den alten Konstruktionen erhält.

Soll man z. B. ein auf Knicken beanspruchtes Schott so aussteifen, daß die Versteifung ein Trägheitsmoment von etwa 3750 cm⁴ hat, so kann man das mit einem Wulstwinkel $200 \times 85 \times 12$ (J mit einer Platte $400 \times 10 = 3750$ cm⁴, F $= 37{,}74$ cm²) erreichen, oder mit einem Profil der neuen Form von

120
11,5
r=5
r=9,5
⌶ 160·7·120·11,5
70·10
7
160
r=8,5
r=4,5
10
70

120
11,5
7
⌶ 160·7·120·11,5
·70·10
verbesserte Form
(April 1919)
160
ohne Anzug
10
70

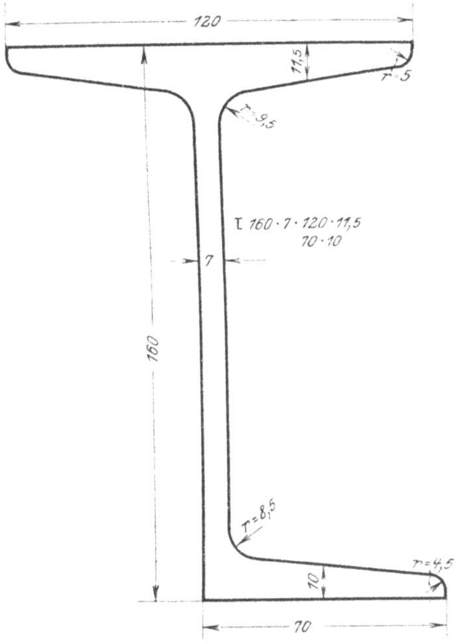

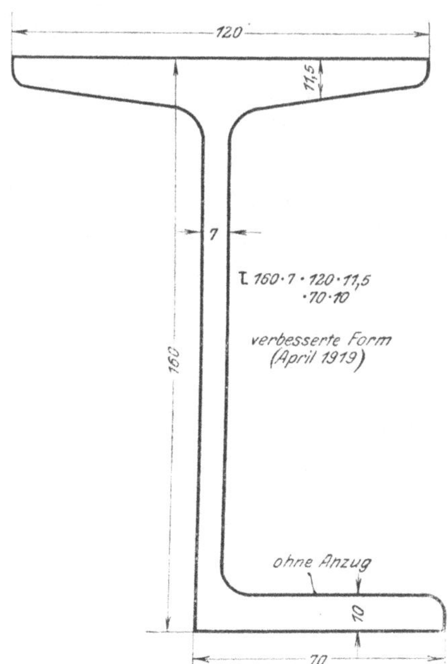

Maßstab 1 : 2.

den Abmessungen $175 \times 7,5 \times 130 \times 12,0 \times 70 \times 10,0$ (J mit einer Platte $400 \times 10 = 3970$ cm⁴, F = 34,5 cm²). Das neue Profil ist also in diesem Fall trotz des 6 % höheren Trägheitsmomentes um 8,5 % leichter und um 12,5 % niedriger.

Noch größer wird natürlich die Überlegenheit des Profils, wenn das Widerstandsmoment für die Abmessungen einer Konstruktion maßgebend ist. Zum Beweise dafür sind in der untenstehenden Tabelle folgende annähernd gleichwertige Konstruktionen einander gegenübergestellt worden.

1. Eine Platte 400×10 mit einem Wulstwinkel $200 \times 85 \times 12$.

2. Dieselbe Platte mit einem ⌶ $180 \times 12 \times 80 \times 13$. 1. und 2. sind nach dem Germanischen Lloyd einander gleichwertig. In die der Aufstellung zugrunde liegende Rechnung wurde das ⌶-Eisen mit reduziertem Flansch eingesetzt.

3. Dieselbe Platte mit einem deutschen Normal-⌶-Eisen $220 \times 9 \times 80 \times 12,5$, gerechnet wie unter 2.

4. Die gleiche Platte mit einem ⊥-Profil $160 \times 7,0 \times 120 \times 11,5 \times 70 \times 10,0$.

Die Platte wurde in allen Fällen voll gerechnet. Dann ergibt sich folgendes Bild:

	Platte 400×10 mit Profil	Widerstands-moment	Fläche des Profils	Gewicht ⊥ = 1	Höhe ⌶ = 1
1	⌈ $200 \times 85 \times 12$	237 cm³	37,74 cm²	1	1
2	⌶ $180 \times 12 \times 80 \times 13$	201 cm³	40,08 cm²	1,06	0,9
3	⌶ $220 \times 9,0 \times 80 \times 12,5$	228 cm³	37,40 cm²	0,99	1,1
4	⊥ $160 \times 7,0 \times 120 \times 11,5 \times 70 \times 10,0$	251 cm³	30,90 cm²	0,82	0,80

Aus dieser Tabelle ergibt sich zunächst, daß die Tabelle des Germanischen Lloyds für den Ersatz der ⌈- durch ⌶-Profile die letzteren keineswegs zu ungünstig bewertet, sondern daß der Wulstwinkel wahrscheinlich dem ⌶-Stahl noch stärker überlegen ist, als man nach ihr annimmt. Im allgemeinen kann man aber sagen, daß die ersten drei Fälle in Raum- und Gewichtsausnutzung einander ziemlich gleichwertig sind. Dagegen ist Fall 4 mit dem neuen Profil ihnen sowohl im Gewicht wie in der Höhe ganz bedeutend überlegen.

Gerade diese Verbindung von Raum- und Gewichtsersparnis läßt das neue Profil besonders wertvoll erscheinen und veranlaßte mich, den Versuch zu machen, eine für die Praxis brauchbare Reihe solcher Profile zu entwerfen; das Ergebnis meiner Rechnungen ist die in der untenfolgenden Tabelle angegebene Profilreihe. In dieser Vergleichstabelle sind die neuen Profile ähnlich wie in der eben gezeigten Zusammenstellung den gleichwertigen alten gegenübergestellt, und zwar unter Zugrundelegung des Widerstandsmomentes, weil im Schiffbau höchst selten das Trägheitsmoment einer Konstruktion maßgebend ist.

Einfluß der Plattendicke auf das Widerstandsmoment bei verschiedenen Versteifungsformen.

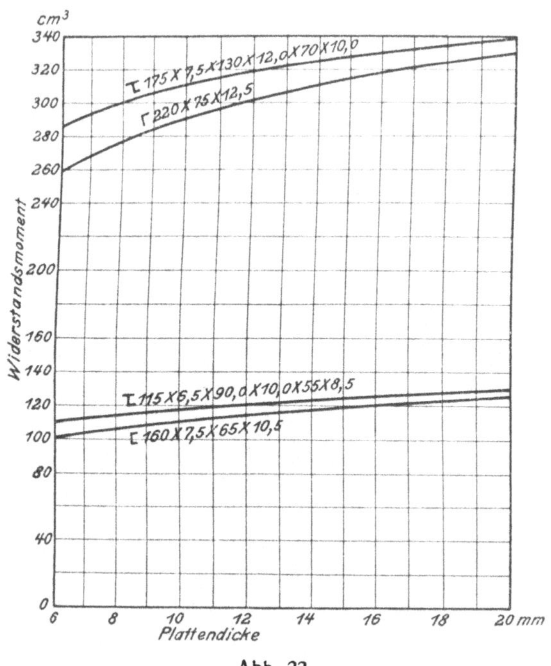

Abb. 22.

Das Ergebnis dieses Vergleichs ist der Beweis einer großen Überlegenheit des neuen Profils; man spart bei seiner Anwendung bis zu 33 % an Gewicht, und bis zu 28 % an Raum, also Werte, die für Schiffbauer und Reeder wohl ins Gewicht fallen.

Da der Tabelle der Vorwurf gemacht werden könnte, daß ihre Werte nur für die in ihr angegebenen Plattenstärken Gültigkeit haben, möchte ich gleich hervorheben, daß die Überlegenheit des Profils bei anderen als in der Tabelle angegebenen Plattenstärken in genau derselben Weise besteht. Die

Abb. 22 veranschaulicht das für drei verschiedene Profile. Auch dem anderen Vorwurf, daß die Abrostungsfläche des neuen Profils eine größere ist, soll hier gleich begegnet werden, denn man kann rechnerisch das Gegenteil beweisen. Nimmt man z. B. an, daß bei einem 12 mm starken, durch einen L $280 \times 90 \times 14{,}5$ bzw. T $220 \times 8{,}0 \times 160 \times 13{,}5 \times 90 \times 11{,}0$ aus gesteiften Schott die Abrostung so weit vorgeschritten ist, daß von allen freien Flächen $^{1}/_{2}$ mm heruntergefressen wurde, so sinkt das Widerstandsmoment der Bulbkonstruktion von 543 auf 510 cm³, das der T-Konstruktion von 543 auf 505 cm³, also fast genau soviel, jedenfalls verschwindend wenig mehr. Dabei darf man außerdem nicht vergessen, daß die Innenseiten des Gurtes und die Stegflächen bei dem neuen Profil besser gegen Abrosten geschützt sind, als der Steg des Wulstwinkels, und daß deswegen, wenn man z. B. an Bunkerwandversteifungen denkt, die obige Rechnung wahrscheinlich zu ungünstig für das neue Profil ist.

Um die Vorteile des T-Profils handgreiflicher zu zeigen, als es vielleicht die Vergleichstabelle tut, habe ich im Anhang die Gewichtsersparnis für zwei Handelsschiffe mittlerer Größe, einen reinen Fracht- und einen Fracht- und Passagierdampfer berechnet. Die für einen Panzerkreuzer von 25 000 t Konstruktionsdeplacement in derselben Art aufgestellte Rechnung ergab eine Ersparnis von 150 t. Der aus diesen Aufstellungen hervorgehende Gewinn an Tragfähigkeit muß um so höher bewertet werden, als er nicht, wie z. B. beim Längsspantensystem durch Verzicht auf Konstruktionsvorteile erzielt wird, sondern bei jeder Bauweise einwandfrei zu erreichen ist und dabei Hand in Hand geht mit der in jeder Beziehung vorteilhaften Raumersparnis.

Nähere Beschreibung des Profils.

Für die Einzelabmessungen des Profils waren in erster Linie walztechnische Gesichtspunkte maßgebend. Ich freue mich, Herrn Generaldirektor Dahl von der Gewerkschaft „Deutscher Kaiser" an dieser Stelle meinen ergebensten Dank für die Liebenswürdigkeit aussprechen zu können, mit der er auf meine Idee einging, und mit welcher er mir mit Rat und Tat bei der Ausarbeitung der Profile half.

Im folgenden sollen kurz die Elemente der Profilform näher beschrieben werden.

1. Der Gurt. — Die Abmessungen ergaben sich rechnerisch aus der günstigsten Profilform mit der Beschränkung, daß eine zu große Gurtbreite

sich einerseits mit Rücksicht auf das Stauen der Profile, andererseits aus dem Grunde verbietet, daß der Vorhalthammer auch beim Nieten der niedrigen Profile eine möglichst geringe Neigung zur Achse des Nietschaftes haben muß. Äußerlich ähnelt die Gurtform derjenigen der ⌶-Flanschen; die inneren Flächen haben 8° Neigung, der Abrundungshalbmesser am Steg ist gleich dem Mittel aus Gurt und Stegdicke, der an der Außenseite des Gurtes halb so groß ist. Die in den Tabellen angegebene Gurtdicke liegt dabei in der Mitte der halben Breite. Die Gurtbreiten sind in 10 mm Abständen gesteigert.

Verhältnis der Stegdicke zur Steghöhe bei verschiedenen Profilen.

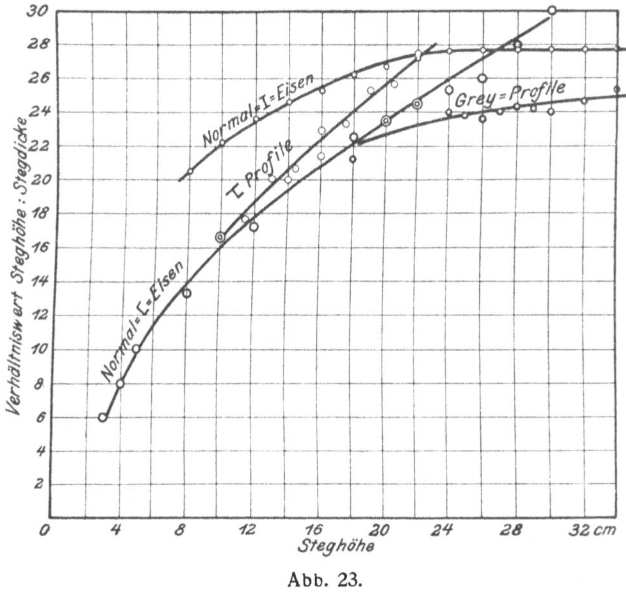

Abb. 23.

2. Der Steg. — Die niedrigste Steghöhe beträgt 100 mm, sie steigert sich in Abständen von 15 mm bis zu 220 mm Höhe. Für die Stegdicke war wieder die Rücksicht auf möglichst billiges und bequemes Abwalzen maßgebend, und es blieb danach nur die Prüfung übrig, wie das so gewonnene Verhältnis zwischen Steghöhe und Stegdicke bei den neuen Profilen sich zu dem anderer Profile verhält. Die Abb. 23 gibt darüber Auskunft. Es sind darin diese Verhältniswerte für die deutschen Normal-⌶- und ⌶-Eisen, die Greyprofile und das neue Profil eingetragen, und man sieht aus ihm, daß das neue Profil die Mitte zwischen ihnen hält, also allen Ansprüchen genügen wird.

3. Der Nietflansch. — Die Breite des Nietflansches wurde nach der Regel bestimmt, daß sie mindestens dem dreifachen desjenigen Nietdurchmessers entspricht, der zu der größten nach dem Germanischen Lloyd mit der Versteifung zur Verbindung kommenden Schottplattendicke gehört. Maßgebend für die Nietdurchmeser waren dabei die Vorschriften der deutschen Kriegsmarine, die durchweg höhere Werte als die Lloydtabellen geben.

Leider ist es walztechnisch noch nicht möglich, die Innenseite des Flansches ohne Anzug herzustellen. Der Neigungswinkel beträgt jedoch nur 5°. Lage der größten Breite und der Abrundungshalbmesser bestimmen sich in ähnlicher Weise wie beim Gurt.

Das Abwalzen der neuen Profilform ist ohne weiteres möglich, nur werden die Profile 5—10 % teurer werden als die jetzt verwendeten.

Die in der Tabelle angegebene Profilreihe kann natürlich nur eine Grundreihe darstellen. Es wird sich erst bei zunehmender Einbürgerung der Form herausstellen, ob es nötig ist, ⊺-Profile von größerem Wider-

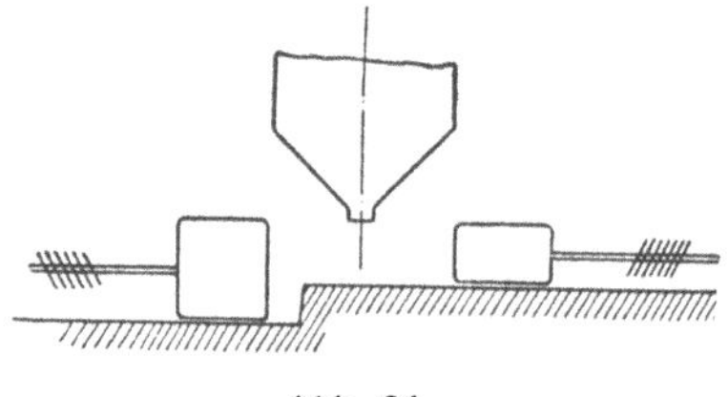

Abb. 24.

standsmoment als dem in der Tabelle angegebenen einzuführen und durch feinere Abstufung die in der vorliegenden Reihe noch vorhandenen großen Abstände in den Widerstandsmomenten zu unterteilen.

Die Bearbeitung der ⊺-Profile.

Schneiden und Lochen. — Die neuen Profile können in genau derselben Weise gelocht und geschnitten werden wie ⊏- oder I-Eisen. Die für ⊏-Eisen noch vielfach verwendeten hydraulischen Scheren können dabei mit einer kleinen Änderung, die sie für ⊏-Profile brauchbar läßt, etwa wie Abb. 24 sie zeigt, verwandt werden. Normale Sägen eignen sich selbstverständlich dazu, ebenso hochtourige Kaltsägen.

Biegen. — Für das Kaltbiegen der Profile genügen die üblichen Stoßmaschinen. Die Feuerbearbeitung muß in der für Z-Eisen üblichen Form erfolgen.

Nieten. — Das Skizzenblatt Nr. 25 soll dem Vorwurf begegnen, daß die Profile sich wegen der geringeren Höhe schlechter nieten lassen als die älteren Formen. Es ergibt sich aus ihm, daß die Lage des Vorhalthammers bei der neuen Form fast genau dieselbe ist wie bei Ϲ-Stahlen, so daß in diesem Punkte keinerlei Schwierigkeiten zu erwarten sind.

Die Anwendung der neuen Profile.

Bei der Verwendung der neuen Profile wird das Vorgehen gegenüber dem bei den älteren Formen insofern verschieden sein, als man unterscheiden muß, ob das Profil als eingespannter oder als frei aufliegender Träger zum Einbau kommt und zwar deshalb, weil man mit Rücksicht auf die Erhaltung

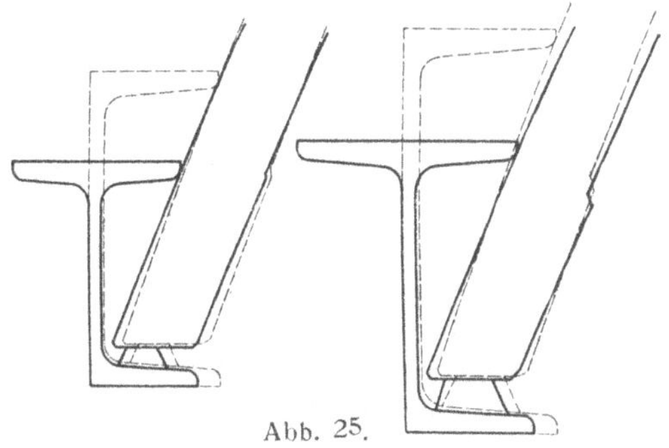

Abb. 25.

des Gurtes beim eingespannten Träger die Knieblechformen verschieden von der beim frei aufliegenden Träger wählen muß. Das bedeutet eine gewisse Schwierigkeit, weil die Ansichten in dieser Frage, wie überhaupt über das Problem der Anwendung der Kniebleche, im Schiffbau noch sehr ungeklärt sind, wofür es bezeichnend ist, daß die Ansichten der beiden für den deutschen Eisenschiffbau maßgebenden Instanzen, des Reichsmarineamts und des Germanischen Lloyds, sich ungefähr diametral gegenüberstehen. Der Germanische Lloyd z. B. sieht Knieblechbefestigungen für Versteifungen grundsätzlich als Einspannung an, das Reichsmarineamt im allgemeinen nicht. Bei der Durcharbeitung der Detailkonstruktionen ergeben sich aus dieser Gegensätzlichkeit große Verschiedenheiten, was ich bei der Beurteilung der in den Abbildungen 31—38 angegebenen Knieblechverbindungen zu beachten bitte.

Diese Skizzen haben den Zweck, die bei den neuen Profilen nicht in der bequemen Art wie bei den ⊏-, Z - oder ⌐-Stahlen möglichen Arten von Knieblechverbindungen darzustellen und damit vor einer Überschätzung

Abb. 26.   Abb. 27.

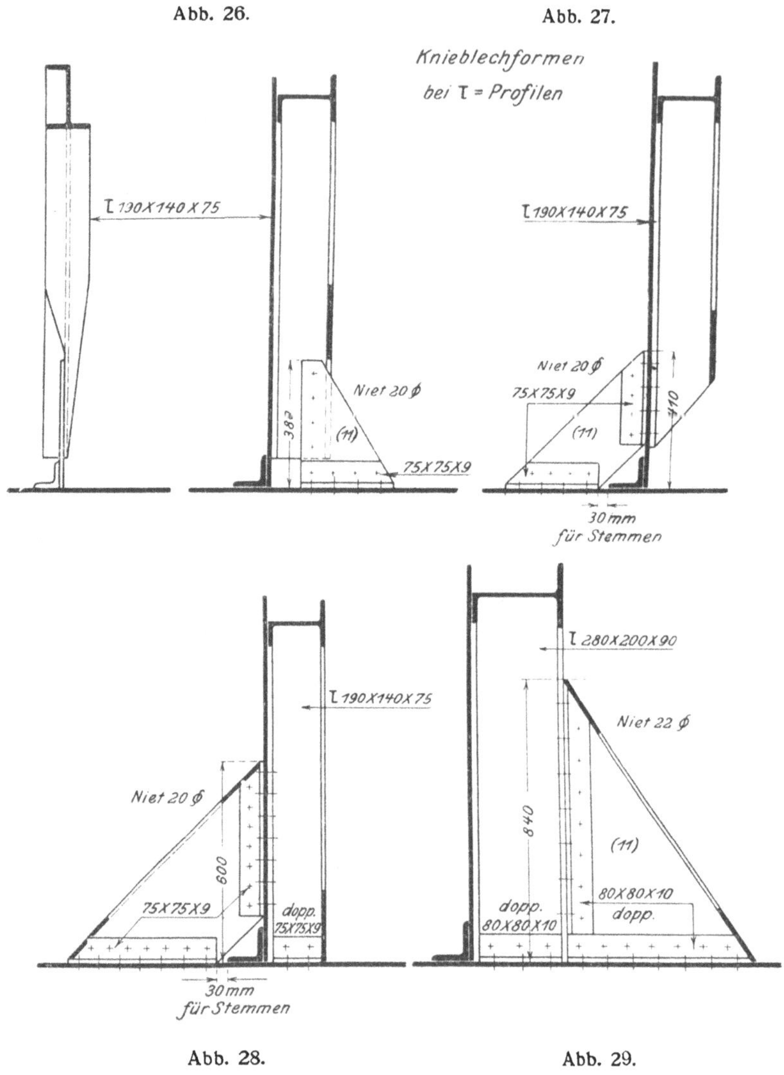

Abb. 28.   Abb. 29.

der in der Verwendung etwas abweichenden Knieblechformen liegenden Unbequemlichkeit zu warnen.

Für frei aufliegende und nur an einem Ende eingespannte Träger genügt fast immer die jetzt auch nach dem Germanischen Lloyd zulässige Befestigung mit kurzen Winkelstücken. Ihre Anwendung ist bei der neuen Form ohne weiteres möglich. Ist man durch die Höhe des Auflagedruckes oder durch die Notwendigkeit eines Rahmenverbandes gezwungen, Knie-

Abb. 30.

Abb. 32.

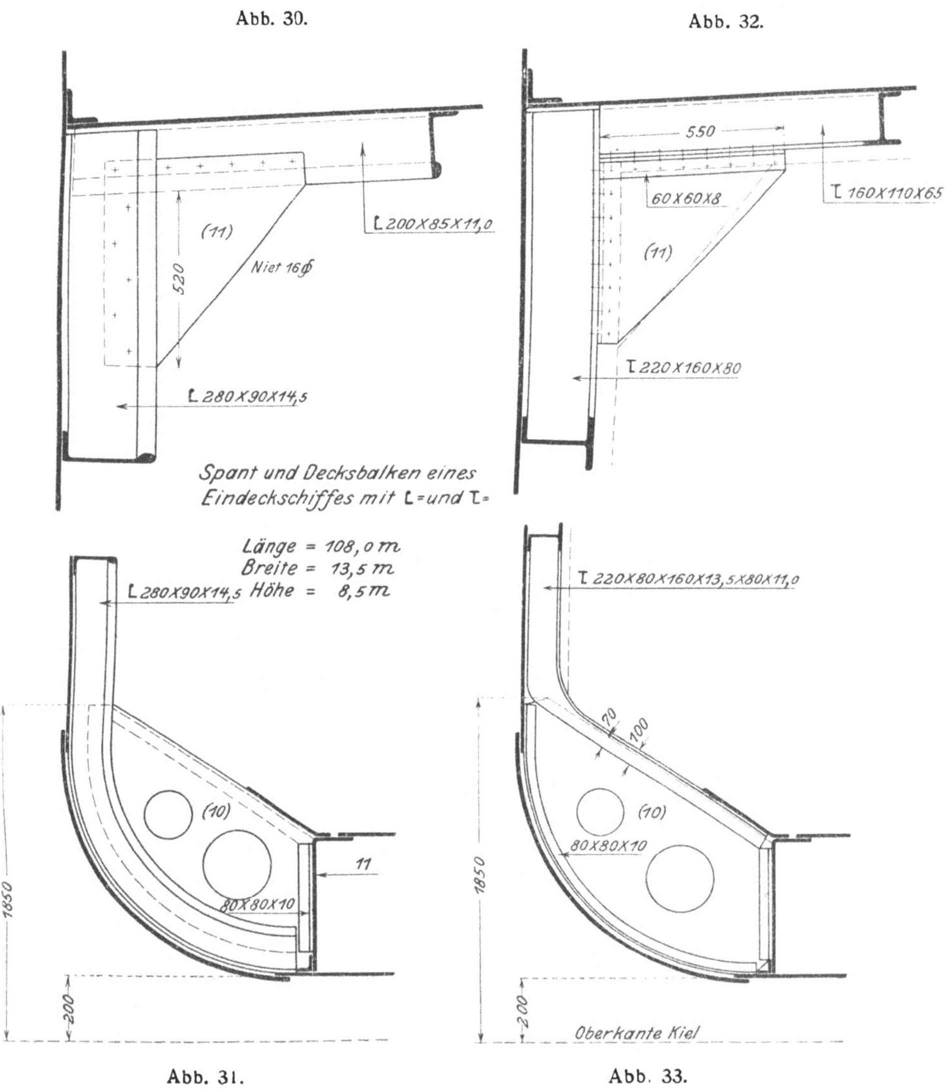

Abb. 31.

Abb. 33.

bleche zu verwenden, so stellen die Abb. 26 und 27 dafür 2 Ausführungsarten dar. Nach Abb. 26 wird ein Flansch des zweiseitigen Gurtes im Bereich des Kniebleches autogen weggebrannt und das Knieblech dann in der normalen Weise befestigt. Die Schnittfläche des Brenners kann so glatt ausgeführt werden, daß weitere Bearbeitung der Schnittfläche nicht nötig ist, und die durch diese Arbeit entstehenden niedrigen Kosten stehen in keinem Verhältnis zu den sonstigen Vorteilen des Profils. Abb. 27 gibt eine Lösung, die diese Arbeit spart.

Für eingespannte Träger kommen nach dem Muster des Germanischen Lloyds Befestigungen nach den Abbildungen 28 und 29 in Frage.

Die Abb. 30—33 geben schließlich ein Beispiel für die Ausführung von Spanten und Decksbalken in einem Eindeckschiff nach den Bauvorschriften des Germanischen Lloyds bei Verwendung von T-Profilen im Vergleich mit der Bauart mit Wulstwinkeln. Ich mache hier besonders auf die Ausführung des Spantes in der Kimm aufmerksam. Die in die Abbildungen 32 und 33 eingezeichneten, gestrichelten Linien, die den Raumbedarf bei der Wulstwinkelbauart zeigen, lassen deutlich den großen Raumgewinn erkennen. Wie bedeutend dieser ist, geht aus der Angabe hervor, daß bei dem gewählten Beispiel, einem Schiff von etwa 2400 Nettoregistertonnen etwa 175 cbm Laderaum gewonnen werden, von dem nur etwa die Hälfte bei der Vermessung berücksichtigt wird. Spantenkonstruktionen mit teilweisem Gegenwinkel lassen sich bei der neuen Profilform durch Aufnieten von Gurtplatten ebenso mühelos ersetzen.

Die Verarbeitung der Profile von T-Form stößt also im Schiffbau auf keine Schwierigkeiten; sie gliedern sich ohne Zwang in die jetzt üblichen Bauformen ein.

Schlußwort.

Fassen wir die vorstehenden Überlegungen kurz zusammen, so ergibt sich folgendes Bild von dem augenblicklichen Stand der Profilfrage im Schiffbau. Theoretische Überlegungen führen zu der Forderung, daß Schiffbauprofile so geformt sind, daß sie nach Verbindung mit der Platte eine starke Außengurtung haben und in dieser symmetrisch zum Steg sind. Dementsprechend fehlt es dem Schiffbauer an einer ihn unbedingt befriedigenden Profilform. Der sonst vorzügliche Wulstwinkel hat den Nachteil, in der Außengurtung sehr schwach zu sein, I - und die veralteten I-Stahle haben denselben Fehler und den Übelstand, daß der zweiseitige Flansch an der mit dem Blech in Berührung kommenden Seite zum Einziehen einer zweiten, im Schiffbau fast immer überflüssigen Nietreihe zwingt, und die am häufigsten verwendeten L- und Z-Stahle entsprechen in ihrer Tragfähigkeit nicht dem Materialaufwand und sind wegen ihrer Unsymmetrie unzuverlässig, wenn nicht gefahrbringend.

Dieser wenig wünschenswerte Zustand ließe sich mit einem Schlage durch die Einführung von Profilen in Γ-Form beseitigen. Dem Schiffbauer würde dadurch ein Profil in die Hand gegeben, das in seiner Widerstandsfähigkeit zuverlässig ist und ihm einen Grad von Materialausnutzung gestattet, der von keiner bis jetzt von ihm benutzten Profilform auch nur annähernd erreicht wird. Gegenüber den bisher üblichen Versteifungsformen spart man bis zu einem Drittel an Profilgewicht bei gleichzeitiger Herabsetzung der Profilhöhe in gleichem Verhältnis. Eine solche Materialersparnis erscheint bei der voraussichtlichen Lage des Rohstoffmarktes in den nächsten Jahren augenblicklich besonders bedeutungsvoll; daß sie Hand in Hand geht mit der mindestens ebenso wichtigen Raumersparnis kennzeichnet deutlich die Überlegenheit dieser Form. Die Einführung solcher Profile würde also durch eine befriedigende Lösung der Schiffbauprofilfrage einen großen Fortschritt in der Technik des Eisenschiffbaus bedeuten.

Literaturverzeichnis.

Bach: Versuche über die tatsächliche Widerstandsfähigkeit von Balken mit Γ-förmigem Querschnitt. Z. d. V. d. I. 1909 S. 1790. Z. d. V. d. I. 1910 S. 382.

Föppl: Vorlesungen über technische Mechanik.

Meldahl: Einfluß der Stegdicke auf die Tragfähigkeit eines Γ-Balkens, Jahrbuch der Schiffbautechn. Gesellschaft 1903.

Pietzker: Festigkeit der Schiffe.

Rehder: Über die Verwendung von Knieblechen im Schiffbau, Schiffbau 1914 S. 94.

Schüle: Biegeversuche mit gewalzten und genieteten Trägern. Schweizer. Bauzeitung Bd. XLIII, Nr. 21. u. 22.

Sonntag: Biegung, Schub und Scherung.

Stieghorst: Die Schwäche der Γ-Balken und die zu ihrer Beseitigung erforderlichen Maßnahmen, Schiffbau 1907 S. 85.

Tetmajer: Elastizität und Festigkeit.

Ergebnisse der Bachschen Durchbiegungsversuche an Profilträgern.

A. Versuchsreihe des Vereins Deutscher Seeschiffswerften.

1. ⌐-Träger.

Höhe des ⊏-Eisens rd. 240 mm.

Die Breite des freien Flansches besaß verschiedene, durch Hobeln herbei-geführte Größe, wie aus Spalte 2 ersichtlich.

Bezeichnung des Trägers	Breite des freien Flansches des ⊏-Eisens mm	Spannungs-stufe kg/qcm	Durch den Versuch ermittelte federnde Durch-biegung y cm	Durch Rechnung ermittelte Werte der federnden Durchbiegung			Verhältnis der rechnungs-mäßigen zur tatsächlichen Durchbiegung	
				aus dem Biege-moment y' cm	aus der Schub-kraft y'' cm	Summe der Werte $y'+y''$ cm	ohne Rück-sicht auf die Schub-kraft $\dfrac{y'}{y}$	mit Berück-sichti-gung der Schub-kraft $\dfrac{y'+y''}{y}$
1	2	3	4	5	6	7	8	9
1	99,6	302/1146	0,164	0,135	0,016	0,151	0,82	0,92
2	80,0	206/1168	0,183	0,150	0,017	0,167	0,82	0,91
3	59,8	241/1126	0,152	0,132	0,013	0,145	0,87	0,95
4	39,9	289/1157	0,138	0,126	0,011	0,137	0,91	0,99
5	100,2	282/1128	0,166	0,139	0,014	0,153	0,84	0,92
6	80,1	313/1189	0,161	0,139	0,013	0,152	0,86	0,94
7	60,1	326/1197	0,152	0,135	0,011	0,146	0,89	0,96
8	39,8	260/1213	0,155	0,143	0,010	0,153	0,92	0,99
9	99,6	284/1077	0,147	0,114	0,015	0,129	0,78	0,88
10	79,7	259/1167	0,158	0,127	0,016	0,143	0,80	0,91
11	59,5	293/1174	1,138	0,121	0,013	0,134	0,88	0,97
12	39,8	276/1197	0,134	0,122	0,012	0,134	0,91	1,00
13	100,1	263/1001	0,134	0,108	0,012	0,120	0,81	0,90
14	79,9	293/1117	0,139	0,117	0,012	0,129	0,84	0,93
15	59,8	337/1147	0,128	0,113	0,011	0,124	0,88	0,97
16	40,3	318/1192	0,128	0,119	0,010	0,129	0,93	1,00

Querschnittsabmessungen der Platte 350 × 11 mm; Stegdicke 13 mm (Trägers 1–4)

Querschnittsabmessungen der Platte 350 × 11 mm; Stegdicke 16 mm (Trägers 5–8)

Querschnittsabmessungen der Platte 350 × 19 mm; Stegdicke 13 mm (Trägers 9–12)

Querschnittsabmessungen der Platte 350 × 19 mm; Stegdicke 16 mm (Trägers 13–16)

2. ⌐⌐ - T r ä g e r.

Höhe des ⊏ - Eisens rd. 240 mm.

Die Breite des freien Flansches besaß verschiedene, durch Abhobeln hergestellte Größe, wie aus Spalte 2 ersichtlich.

Bezeichnung des Trägers	Breite der freien Flansche des ⊏-Eisens	Spannungs-stufe	Durch den Versuch ermittelte federnde Durch-biegung y	Durch Rechnung ermittelte Werte der federnden Durchbiegung			Verhältnis der rechnungs-mäßigen zur tatsächlichen Durchbiegung	
				aus dem Biege-moment y'	aus der Schub-kraft y''	Summe der Werte $y'+y''$	ohne Rück-sicht auf die Schub-kraft $\dfrac{y'}{y}$	mit Berück-sichti-gung der Schub-kraft $\dfrac{y'+y''}{y}$
	mm	kg/qcm	cm	cm	cm	cm		
1	2	3	4	5	6	7	8	9
			Stegdicke 13 mm					
17	100,1	293/1100	0,232	0,181	0,014	0,195	0,78	0,84
18	99,6	297/1113	0,234	0,183	0,014	0,197	0,78	0,84
			Stegdicke 16 mm					
19	99,8	278/1044	0,204	0,171	0,011	0,182	0,84	0,89
			Stegdicke 13 mm					
20	99,9	293/1098	0,230	0,180	0.014	0,194	0,78	0,84
21	79,9	345/1034	0,182	0,154	0,011	0,165	0,85	0,91
22	59,6	322/1073	0,183	0,168	0,010	0,170	0,92	0,97
23	39,8	274/1097	0,192	0,184	0,008	0,192	0,96	1,00
			Stegdicke 16 mm					
24	82,9	313/1096	0,197	0,175	0,010	0,185	0,89	0,94
25	63,1	284/1040	0,178	0,169	0008	0,177	0,95	0,99
			Stegdicke 13 mm					
26	42,8	324/1101	0,180	0,174	0,007	0,181	0,97	1,00

3. ⌐ - T r ä g e r.

⌐⌐ ⌐ - Träger

Querschnittsabmessungen der Platte 350 × 20 Höhe des ⊏ - Eisens rd. 240 mm

Bezeichnung des Trägers	Breite der freien Flansche des ⊏-Eisens	Spannungs-stufe	Durch den Versuch ermittelte federnde Durch-biegung y	aus dem Biege-moment y'	aus der Schub-kraft y''	Summe der Werte $y'+y''$	ohne Rück-sicht auf die Schub-kraft $\dfrac{y'}{y}$	mit Berück-sichti-gung der Schub-kraft $\dfrac{y'+y''}{y}$
27	—	346/1176	0,131	0,114	0,011	0,125	0,87	0,95
28	—	346/1176	0,135	0,115	0,011	0,126	0,85	0,93
			⌐ - Träger, rd. 240 mm hoch					
29	—	292/1168	0,211	0,181	0,009	0,190	0,86	0,90
30	—	292/1168	0,212	0,181	0,009	0,190	0,85	0,90

B. Versuchsreihe des Vereins Deutscher Ingenieure.

Profil	Breite des freien Flansches	Querschnittsfläche	Spannungsstufe	Durchbiegung			$\dfrac{y'}{y}$	$\dfrac{y'+y''}{y}$
				beobachtet y	berechnet aus der Biegung y'	berechnet aus dem Schub y''		
	mm	cm²	kg/cm²	cm	cm	cm		
⌶ 120 × 7 × 55 × 9	55	17,1	397/1192	0,504	0,464	0,007		0,93
	55	17,1	397/1192	0,507	0,464	0,007		0,93
	40	14,8	404/1212	0,491	0,472	0,006		0,97
	40	14,8	406/1217	0,497	0,474	0,006		0,97
⌶ 220 × 9 × 80 × 12,5	80	37,4	400/1199	0,329	0,260	0,012		0,83
	80	37,4	400/1199	0,337	0,260	0,012		0,81
	55	32,4	394/1183	0,290	0,257	0,009		0,92
	55	32,4	396/1189	0,294	0,258	0,009		0,91
	35	27,6	398/1194	0,274	0,259	0,007		0,97
	35	27,6	398/1194	0,274	0,260	0,007		0,97
⌶ 300 × 10 × 100 × 16	100	59,6	400/1200	0,280	0,190	0,017		0,74
	100	59,6	400/1200	0,280	0,190	0,017		0,74
	70	51,7	401/1203	0,238	0,191	0,014		0,86
	70	51,6	402/1206	0,237	0,191	0,014		0,86
	40	42,2	399/1196	0,200	0,189	0,010		0,99
	40	42,5	398/1195	0,201	0,189	0,010		0,99

Ergebnisse der rechnerischen Untersuchungen an unsymmetrischen Profilträgern.

Tabelle 1 der reduzierten Trägheitsmomente.

Profil	Flansch-breite mm	Fläche in cm² des Profils	Fläche in cm² des Stegs	Fläche in cm² des Flansches	Trägheits-moment I cm⁴	Wider-stands-moment W cm³	Fläche des reduzierten Flansches cm²	Reduziertes Trägheits-moment I_{red} cm⁴	Reduziertes Wider-stands-moment W_{red} cm³	$\dfrac{I_{red}}{I}$
1	2	3	4	5	6	7	8	9	10	11
Ⴑ 240 × 13 × 100 × 18	100	62,8	31,2	15,8	5385	448	8,50	3589	299	0,667
	80	57,0	31,2	12,9	4660	388	7,43	3319	277	0,712
	60	50,4	31,2	9,6	3843	320	6,30	3036	253	0,790
	40	43,1	31,2	5,95	2943	245	5,80	2906	242	0,987
Ⴑ 240 × 16 × 100 × 18	100	68,6	38,4	15,1	5558	463	8,20	3861	322	0,695
	80	62,8	38,4	12,2	4834	403	7,20	3608	301	0,748
	60	56,4	38,4	9,0	4042	337	6,30	3381	282	0,840
	40	49,2	38,4	5,4	3158	263	5,80	3255	271	1,030
Ⴑ 240 × 100 × 16,5 . .	100	61,14	47,64 einschl. Bulb	13,5	4282	325	7,4	3606	299	0,843

Tabelle 2 der reduzierten Trägheitsmomente.

Profil	Flansch-breite mm	Fläche in cm² des Profils	Fläche in cm² des Stegs	Fläche in cm² des Flansches	Trägheits-moment I cm⁴	Wider-stands-moment W cm³	Fläche des reduzierten Flansches cm²	Reduziertes Trägheits-moment I_{red} cm⁴	Reduziertes Wider-stands-moment W_{red} cm³	$\dfrac{I_{red}}{I}$
Einseitig behobelter Differdinger Greyträger 240	125	59,6	24,0	17,8	5609	466	8,4	3255	272	0,580
	90	51,8	24,0	13,9	4583	382	6,55	2769	231	0,605
	55	40,8	24,0	8,4	3200	267	4,4	2225	185	0,696
	35	34,1	24,0	5,05	2376	198	3,45	1990	166	0,838
Ⴑ 300 × 10 × 100 × 16	100	58,8	30,0	14,4	8028	535	7,45	5240	350	0,652
	70	50,9	30,0	10,45	6398	427	5,9	4592	306	0,718
	40	41,7	30,0	5,85	4559	305	4,7	4106	275	0,899
Ⴑ 220 × 9 × 80 × 12,5	80	37,4	19,8	8,8	2690	245	4,6	2075	189	0,665
	55	32,0	19,8	6,1	1787	163	3,9	1632	148	0,787
	35	27,6	19,8	3,9	1629	148	2,9	1416	129	0,870
Ⴑ 120 × 7 × 55 × 9 .	55	17,04	8,4	4,32	364	66	2,26	239	40	0,656
	40	14,80	8,4	3,2	295	49	1,86	214	36	0,726

Tabelle 3 der reduzierten Trägheitsmomente.

$\llcorner\lrcorner$ - Träger.

Grundform des C - Profils C 240 × 13 × 100 × 18 bezw. C 240 × 16 × 100 × 18.

Bezeichnung des Trägers	Breite des freien Flansches	Querschnitt des Trägersystems t	y_{norm}	Reduzierter PlattenQuerschnitt	y_{red}	$\dfrac{y_{red}}{y_{norm}}$	W_{red}	$\dfrac{W_{red}}{f}$
	mm	cm²	cm⁴	cm²	cm⁴		cm³	cm³/cm²
Querschnittsabmessungen der Platte 350 × 11 mm, Stegdicke 13 mm								
1	100	101,3	9147	31,2	6828	0,752	391	3,86
2	80	98,4	8387	31,2	6523	0,778	369	3,76
3	60	95,1	7469	31,2	6206	0,832	347	3,65
4	40	91,5	6390	31,2	6045	0,946	336	3,67
Querschnittsabmessungen der Platte 350 × 11 mm, Stegdicke 16 mm								
5	100	107,1	9448	31,2	7265	0,770	426	3,98
6	80	104,2	8708	31,2	7007	0,805	406	3,90
7	60	101,0	7853	31,2	6750	0,858	388	3,85
8	40	97,3	6799	31,2	6614	0,960	379	3,90
Querschnittsabmessungen der Platte 350 × 19 mm, Stegdicke 13 mm								
9	100	129,3	10 654	53,8	8003	0,752	419	3,24
10	80	126,4	9 877	53,8	7621	0,773	395	3,12
11	60	123,1	8 749	53,8	7241	0,828	371	3,01
12	40	119,5	7 438	53,8	7372	0,993	379	3,17
Querschnittsabmessungen der Platte 350 × 19 mm, Stegdicke 16 mm								
13	100	135,1	11 228	53,8	8583	0,763	459	3,40
14	80	132,2	10 325	53,8	8250	0,798	437	3,30
15	60	129,0	9 509	53,8	7960	0,838	420	3,25
16	40	125,4	8 036	53,8	7773	0,968	407	3,25

Tabelle 4 der reduzierten Trägheitsmomente.

$\llcorner$ - Träger.

Profil: C 240 × 100 × 16,5.

$\llcorner$ - Träger.

1	100	61,14	4 282	—	3606	0,84	299	4,9

$\lvert\llcorner$ - Träger.

Querschnittsabmessungen der Platte 350 × 20 mm

2	—	131,14	8 864	56,7	8405	0,95	446	3,4

Verhältnis des wirklichen zum tabellarischen Trägheitsmoment.

Normal - ⌶ - Eisen 220.   Normal - ⌶ - Eisen 120.

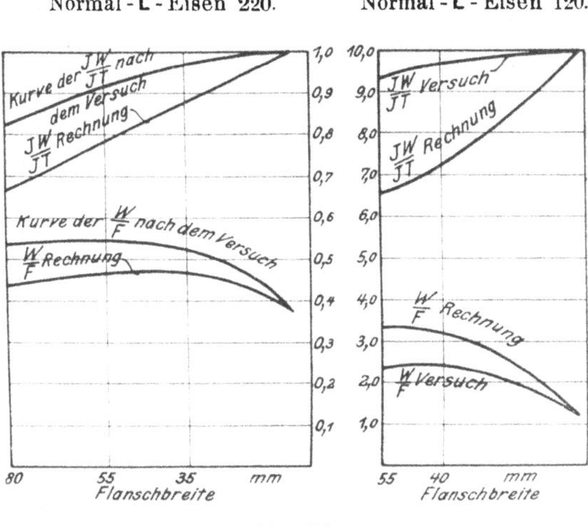

Abb. 34.

Verhältnis des wirklichen zum tabellarischen Trägheitsmoment.

Beim ⌶ 240 × 16 × 100 × 18   (Platte reduziert).

⌶ Allein.   ⌶ Mit Platte 350 × 11.   ⌶ Mit Platte 350 × 19.

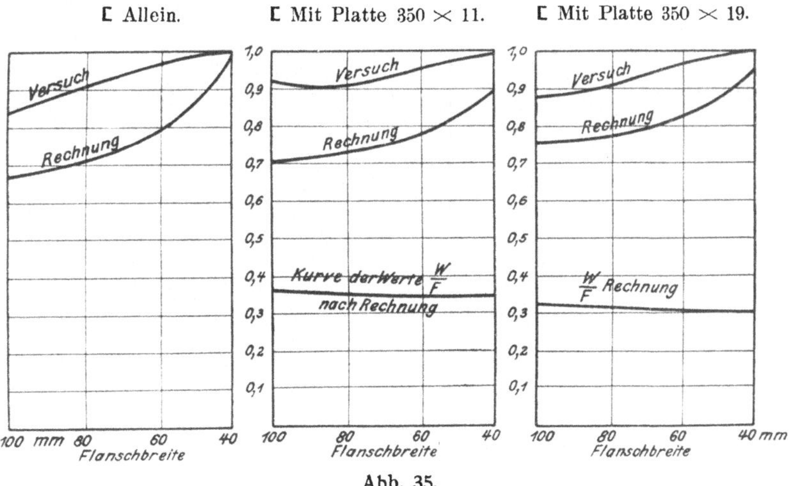

Abb. 35.

Vergleichstabelle über die Trag-

⊥ - Profil				Gleichwertiges Normal-		
Steg- Gurt- Flansch- höhe dicke breite dicke breite dicke	Fläche cm²	Widerstands- moment mit Platte cm³		Profil	Fläche cm²	Widerstands- moment mit Platte cm³
100 × 6,0 × 80 × 9,5 × 50 × 8,0	16,7	6 mm 80		⌷ 140	20,4	6 mm 76
115 × 6,5 × 90 × 10,0 × 55 × 8,5	20,0	8 mm 114		⌷ 160	24,0	8 mm 106
130 × 6,5 × 100 × 10,5 × 60 × 9,0	23,1	8 mm 149		⌷ 180	28,0	8 mm 139
145 × 7,0 × 110 × 11,0 × 65 × 9,5	27,3	8 mm 187		⌷ 200	32,2	8 mm 174
160 × 7,0 × 120 × 11,5 × 70 × 10,0	30,9	10 mm 251		⌷ 220	37,4	10 mm 228
175 × 7,5 × 130 × 12,0 × 70 × 10,0	34,5	10 mm 311		⌷ 240	42,3	10 mm 272
190 × 7,5 × 140 × 12,5 × 75 × 10,5	38,4	12 mm 382		⌷ 260	48,3	12 mm 350
205 × 8,0 × 150 × 13,0 × 75 × 10,5	42,2	12 mm 459		⌷ 280	53,3	12 mm 415
220 × 8,0 × 160 × 13,5 × 80 × 11,0	46,4	12 mm 543		⌷ 300	58,8	12 mm 480
235 × 8,5 × 170 × 14,0 × 80 × 11,0	50,5	12 mm 635				
250 × 8,5 × 180 × 14,5 × 85 × 11,5	54,9	12 mm 755				
265 × 9,0 × 190 × 15,0 × 85 × 11,5	60,7	12 mm 870				
280 × 9,0 × 200 × 15,5 × 90 × 12,0	65,4	12 mm 1000				

fähigkeit von ⊤-, Ϲ- und Ϲ-Profilen.

| Ϲ - Eisen | | Gleichwertiger Wulstwinkel bezw. Schiffbau - Ϲ - Stahl | | | | |
| % Ersparnis | | Profil | Fläche | Widerstands-moment mit | | % Ersparnis | |
an Gewicht	an Raum		cm²	Platte cm³	an Gewicht	an Raum
18,0	28,0	Ϲ 130×65×9,0	19,60	6 mm 81	15,0	23
16,5	28,0	Ϲ 150×70×9,5	23,34	8 mm 110	14,0	23
175	28,0	Ϲ 170×75×10,5	28,34	8 mm 146	18,5	23
15,0	27,0	Ϲ 190×75×10,5	31,56	8 mm 187	13,5	23,5
		Ϲ 165×10,0×80×12,0	33,76		19,0	12,0
17,5	27,5	Ϲ 200×75×12,0	36,66	10 mm 236	15,5	20,0
		Ϲ 180×11,0×80×13,0	38,28		19,0	11,0
18,5	27,0	Ϲ 220×75×12,5	41,06	10 mm 290	16,0	21,0
		Ϲ 200×11,0×85×14,0	43,95		21,5	12,5
20,5	27,0	Ϲ 240×90×13,5	49,40	12 mm 369	22,0	21,0
		Ϲ 220×11,5×90×15,0	50,22		23,5	13,5
21,0	27,0	Ϲ 250×90×14,0	52,91	12 mm 425	20,0	18,0
		Ϲ 220×13,5×90×15,0	54,62		22,5	7,0
21,0	27,0	Ϲ 280×90×14,5	60,51	12 mm 543	23,0	21,5
		Ϲ 260×13,5×95×16,0	63,04		26,4	15,5
		Ϲ 300×95×15,0	67,39	12 mm 625	25,0	21,5
		Ϲ 280×14,0×100×16,5	69,46		27,0	16,0
		Ϲ 300×17,0×100×17,0	81,84	12 mm 730	33,0	16,5
		Ϲ 320×15,0×100×17,5	79,84	12 mm 850	14,0	17,0
		Ϲ 340×18,0×100×18,0	93,96	12 mm 1000	30,2	17,5

Verhältnis des wirklichen zum tabellarischen Trägheitsmoment.
Beim ⌶ 240 × 16 × 100 × 18 (Platte reduziert).

⌶ Allein.   ⌶ Mit Platte 350 × 11.   ⌶ Mit Platte 350 × 19.

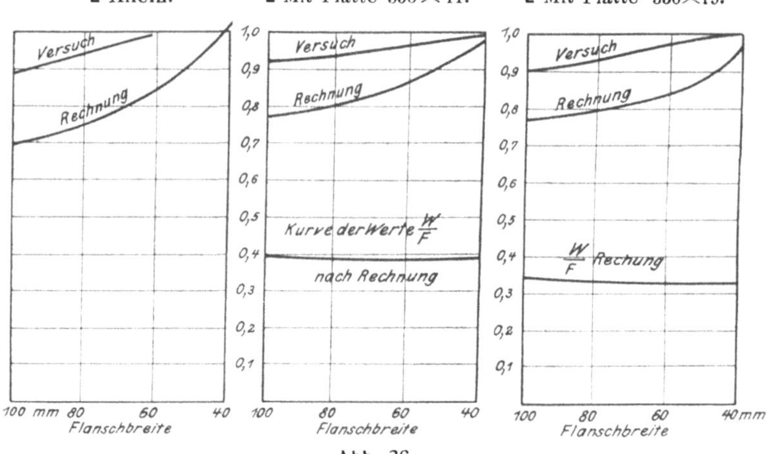

Abb. 36.

Verhältnis des wirklichen zum tabellarischen Trägheitsmoment.

Einseitig behobelter Grey - Träger 240.   Normal - ⌶ - Eisen 300.

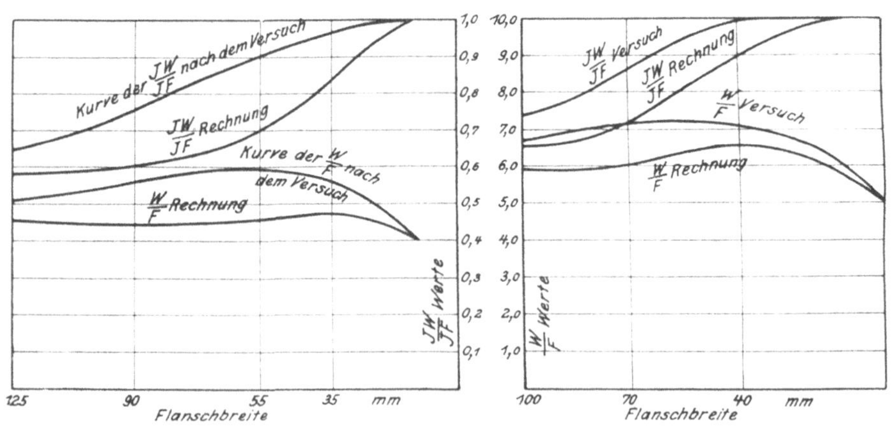

Abb. 37.

Beispiele für die Berechnung der Gewichtsersparnis bei der Verwendung von τ - Profilen auf verschiedenen Schiffsarten.

1. Fracht- und Passagierdampfer „Tabora".

Länge zwischen den Loten . . . . 136,547 m
Breite auf Spanten . . . . 16,459 „
Tiefe bis Seite Hauptdeck . . . . 9,916 „

Bauteil	Ausführung		Ersatz	
	Profil	Gewicht kg	Profil	Gewicht kg
I. Spanten				
a) Unterhalb des Raumdecks	[260 × 12,5 × 95 × 16,0	114 800	τ 220	80 100
Stringer		28 400		
b) Oberhalb des Raumdecks	[180 × 11,0 × 80 × 13,0	52 800	τ 160	35 100
		195 500		115 200
II. Decks				
a) Raumdeck				
Lange Balken	[200 × 11 × 85 × 14	15 680	τ 175	12 300
Halbe Balken	[180 × 11 × 80 × 13	3 730	160	3 000
Balken unter 3/4 Mb . . .	Γ 200 × 75 × 10,5	6 120	145	5 040
b) Zwischendeck				
Lange Balken	[200 × 11 × 85 × 14	65 500	τ 175	50 700
Halbe Balken	[180 × 11 × 80 × 13	20 600	160	16 650
Balken unter 3/4 Mb . .	Γ 200 × 75 × 10,5	4 890	145	3 940
c) Hauptdeck				
Lange Balken	[220 × 13,5 × 90 × 15	80 500	τ 190	56 600
Halbe Balken	[220 × 11,5 × 90 × 15	27 100	175	18 600
Balken unter 3/4 Mb . .	[200 × 13 × 85 × 14	6 930	175	4 980
d) Propdeck	Γ 180 × 80 × 11,5	53 300	τ 130	36 100
		284 350		207 910
III. Schotten				
Schott 92, 111, 121. . . .	[260 × 12,5 × 90 × 16	19 400	τ 220	14 900
„ 86 mit Längsschott	[260 × 12,5 × 90 × 16	4 925	220	3 780
„ 55, 63	[180 × 11 × 80 × 13	4 760	160	3 760
„ 57, 70	Γ 130 × 65 × 8,5	1 630	100	1 430
„ 149	[200 × 11 × 85 × 14	2 900	175	2 270
	Γ 130 × 65 × 8,5	680	100	590
„ 172, 195, 199 . . .	[220 × 11,5 × 90 × 15	4 270	190	3 250
	Γ 130 × 65 × 8,5	1 665	100	1 100
„ 35	[280 × 13 × 100 × 16,5	6 500	240	5 260
„ 10	[180 × 11 × 80 × 13	2 200	160	1 790
Längsschotte Spanten				
55—63	[180 × 11 × 80 × 13	1 680	160	1 350
		50 510		39 480

Bauteil	Ausführung	Ersatz
Spanten	195 500	11 5 200
Decks	284 350	207 910
Schotten	50 510	39 480
	530 360	362 590
	362 590	
	167 770	

Ersparnis 168 t.

2. Frachtdampfer.

Länge zwischen den Loten . . . . 121,4 m
Größte Breite . . . . 16,0 „
Seitenhöhe bis Hauptdeck . . . . 10,7 „
Tiefgang . . . . 7,4 „

Bauteil	Ausführung		Ersatz	
	Profil	Gewicht kg	Profil	Gewicht kg
I. Spanten (½ L.)	⌶ 220 × 11,5 × 90 × 15	82 450	⊥ 205 mit	
Stringer (½ L.)	mit ∠ 90 × 90 × 11,5	23 450	Gurt 160×10	65 900
		105 900		
II. Decks				
a) Balkenlage i. d. Piek .	⌐ 190 × 75 × 10,5	2 250	⊥ 145	1 940
b) Raumdeck				
Lange Balken	⌐ 200 × 75 × 11,5	5 040	⊥ 160	4 410
Halbe Balken	⌐ 200 × 75 × 10,5	2 650	160	2 470
Balken unter ³/₄ Mb . .	⌐ 190 × 75 × 10,5	2 960	145	2 570
c) 2. Deck				
Lange Balken	⌐ 200 × 75 × 11,5	28 240	⊥ 160	24 700
Halbe Balken	⌐ 200 × 75 × 10,5	20 810	160	19 400
Balken unter ³/₄ Mb . .	⌐ 190 × 75 × 10,5	3 450	145	2 950
d) Hauptdeck				
Lange Balken	⌐ 190 × 75 × 10,5	27 410	⊥ 145	23 800
Halbe Balken	⌐ 180 × 75 × 10,5	19 130	145	17 500
Balken unter ³/₄ Mb . .	⌐ 170 × 75 × 10,0	3 070	130	2 610
		115 010		102 350
III. Schotten.				
Versteifungen	⌶ 300 × 14 × 100 × 17	57 200	⊥ 250	42 000

Bauteil	Ausführung	Ersatz
Spanten	105 900	65 900
Decks	105 010	102 350
Schotten	57 200	42 000
	278 110	210 250
	210 250	
	67 860 kg	

Ersparnis 68 t.